产品设计工程基础

ENGINEERING FOUNDATION FOR PRODUCT DESIGN

工业设计专业应用型人才培养规划教材

孙利 吴俭涛 陈继刚 编著

清华大学出版社

北京

内 容 简 介

本书以应用为主,省略了深奥的原理描述及烦琐的计算公式,以生活中常见产品为案例,分析引出相关的知识点,深入浅出地介绍工业产品设计必需的机构、力学、材料与工艺等基础知识。本书共分7章,第1章介绍基于工程思维和工程软件的工业产品设计方法;第2章介绍常用材料特性、力学性能,典型材料加工工艺与技术;第3章给出常见产品结构形式,常见机构的类别;第4章说明不同材料和加工工艺所需要的模具特点及模具设计要点;第5章介绍表面工程技术的种类、属性、流程和关键技术;第6章论述能量与转换方式;第7章给出拓展训练的4个课题。

本书可作为高等学校工业设计及其他相关专业教材,也可供相关工程技术人员参考。

图书在版编目(CIP)数据

产品设计工程基础/孙利,吴俭涛,陈继刚编著. —北京:清华大学出版社,2014(2025.2重印)
工业设计专业应用型人才培养规划教材
ISBN 978-7-302-37162-5

Ⅰ. ①产… Ⅱ. ①孙… ②吴… ③陈… Ⅲ. ①工业产品-设计-高等学校-教材 Ⅳ. ①TB472

中国版本图书馆 CIP 数据核字(2014)第 148311 号

责任编辑:冯 昕
封面设计:吴 洁
责任校对:刘玉霞
责任印制:沈 露

出版发行:清华大学出版社
    网 址:https://www.tup.com.cn, https://www.wqxuetang.com
    地 址:北京清华大学学研大厦 A 座　　　　邮 编:100084
    社 总 机:010-83470000　　　　邮 购:010-62786544
    投稿与读者服务:010-62776969, c-service@tup.tsinghua.edu.cn
    质量反馈:010-62772015, zhiliang@tup.tsinghua.edu.cn
印 装 者:涿州市般润文化传播有限公司
经 销:全国新华书店
开 本:210mm×285mm　　印 张:12.75　　字 数:350 千字
版 次:2014 年 8 月第 1 版　　印 次:2025 年 2 月第 7 次印刷
定 价:69.80 元

产品编号:054838-03

工业设计专业应用型人才培养规划教材

编 委 会

主任: 赵　阳　　　中国美术学院

委员（按姓氏笔画排序）:

曲延瑞　　　北京工业大学

张玉江　　　燕山大学

张　强　　　沈阳航空航天大学

高炳学　　　北京信息科技大学

熊兴福　　　南昌大学

序

当今，我们翻开报章杂志或者上网浏览，不管看到的是报道还是广告，处处充斥着设计创新的内容，工业设计已成为政府官员必然说、全国人民必知晓的名词。与工业设计相关的高等教育专业在中国如雨后春笋般成长，足以证明工业设计在我们民族希望从"中国制造"走向"中国创造"中之重要。

清楚记得，自 2007 年 2 月 13 日温总理批示："要高度重视工业设计"，责成国家发改委尽快拿出我国关于工业设计的相关政策报告起，我们这些往年只是在大学里"自娱自乐"的所谓工业设计"专家"们，一下进入全国范围，配合各级政府宣传、演讲、答疑、互动，一时间活动不断；2010 年 3 月 5 日温家宝在全国人大十一届三次会议所作的政府工作报告中，直接将工业设计立为新时代七大服务性行业之中，说明工业设计已提升至国家战略的高度；紧接着国家工信部于 2010 年 3 月 17 日发布了"关于促进工业设计发展的若干指导意见"之征求意见稿，又于同年 8 月正式发布了"关于促进工业设计发展的若干指导意见"；就此，在媒体舆论的大力推动下，中国工业设计的春天赫然到来，高校中的工业设计专业俨然成为热门，并且地位不断攀升，各地更多的大专院校在继续创立工业设计专业（据说有音乐学院也设立了工业设计专业）；据中央美术学院许平教授的研究统计，目前中国内地已有约 1900 多所大专院校设立了各种设计专业，其中有 400 多所设立了工业设计专业，据不完全统计，全国每年招收约 57 万设计专业本、专科生；在各地政府的大力支持下，涌现出大量的工业设计园区、创意园区和创新基地，让大专院校的培养有的放矢。我们这套丛书就是在这样一个大背景下产生的。

我们的参编者是来自于全国各地的大学教师们，他们具有丰富的教学与实践经验。他们归属理工科大学、艺术类大学、师范类大学，也有综合型大学，因此，我们组建的是一个站在工业设计专业立场上，而非艺术类的产品设计或工科类的工业设计队伍，因为艺术类与工科类的教师们在将近二十年的论战中已趋于和谐，大家都明白，工业设计专业所需的知识并不能简单地划分为艺术类或工科类，也不仅仅是工科类叠加艺术类，而恰恰是需要艺术类的感性与工科类的理性二者适当结合，且由每个学生出于自身的发展来吸取与组合（已有 N 多的人才案例证明了这一点），所以，教材编写的重要性尤其凸显；我们认真讨论的结论是一致的——工业设计专业所需的知识尽量编入，而计算机网络的发展，给设计教学带来质的变化。整套丛书教材将近 30 本，应该说比以往任何时期任何设计教材都要多，一方面随着时代的发展，工业设计专业内涵不断提升与扩展，如通用设计、感性设计、仿生设计、交互设计等；另一方面是我们认为有必要的内容，如可持续设计、创新设计、艺术概论及产品商业设计等。

　　工业设计（industrial design）是指以工学、美学与经济学为基础对工业化生产的产品进行设计。工业设计狭义的理解就是造物，再漂亮的线条，再美好的想象，最终必须呈现在产品上。因此，材料、设备、加工、技术与科学永远是工业设计专业的必学内容，实践性教学是设计创新类专业的根本。工业设计专业是典型的横跨文理的专业，新时期的高等教学改革，最重要的是应从传统的非白即黑（文科与理科）中划分出一个新的跨界教学领域，这种跨界领域教学与实践确实发展神速，已波及其他专业的教学内容的改变，同时对我们的工业设计教学提出更高的要求。因此，我们丛书的定位是"应用型人才培养规划教材"，主旨是：精炼理论、加强技法、突出应用，强调实用案例与图文并茂。精简理论教学内容，增加以理论学习和应用为目的的实践教学内容，使研究性学习的形式多样化，以取得具有设计创新意义的教学成果。

　　今天，我们人类的智慧已超出了上帝给予的极限，人类能够探索太空、开发极地、移植基因、模拟智能……，超越了自然法则。这一切离不开设计创新的力量，我们都清楚，设计是一种理想，设计教育依赖的是实践性教学，更需要具有丰富经验的教师。面对广大的求知学生，希望我们的教材是索引，它能有效引导他们丰富联想、积累知识、延展思维。

　　是为序。

中国美术学院　　赵阳　教授

2014 年 7 月 31 日于钱塘江畔

前　言

　　中国工业设计学科的引入始于 20 世纪 70 年代末，起步于 80 年代初，发展于 90 年代末，经历了一个理解和认识逐渐深化和统一的过程。目前，中国已经设立了设计学一级学科。通常情况下，工业设计学科是涉及机械设计的一门学科，其发展的目标是设计相关的系统、结构或工业制成品，以知识形态的成果服务社会，对接社会和经济发展的需求。

　　设计已经进入到一个新的时代。在这个新的时代，设计必须、也正在被重新定义。技术、社会和经济的变革促使设计去"想得更大、更多"。设计的角色、方法、作用正在不断拓展，设计思维结合科技思维，实现了需求、可能性和可行性之间的平衡，给未来设计和创新发展以新的可能性。旧的知识体系和旧的职业分工，在一定程度上会被打破，取而代之的是融汇了的、界限模糊的设计方法和设计群体。产品、平面、建筑、景观、包装等一切设计，在过去曾经被无限细分，在将来或许会被无限融合，本着一个原则，即设计是面向人的设计，设计的服务对象是人。

　　同样，工业设计师和工程师之间的界限也在反复地进行着融合和分离的过程，早些时候工程师就是工业设计师，现在工业设计师已经独立于工程师而存在，然而各自为政的弊端已经逐渐显现：设计师理性思维和工程知识的欠缺禁锢着设计的发展和大设计工程的展开；而工程师墨守成规，设计成果僵化、呆板。如何做到设计师和工程师的水乳交融，分工而不分家，连接而不套牢，便是本书需要解决的问题之一。

　　快速发展的科学技术使得知识更新成为时代对设计师的一个新要求。当代产品设计师应具备怎样的知识结构体系，如何拓展其对新科技成果及其应用的了解深度和广度，是本书要解决的第二个问题。

　　从目前我国企业对工业设计人才需求的增长和对人才的要求上来看，企业需要精通产品策划、产品创新和产品商品化，了解现代科技发展，懂得现代设计方法与技能，熟悉生产制造的综合化高素质的优秀设计人才。

　　历来优秀的设计师，不仅仅精通善用各种表现技法，最根本的是，他能够熟悉和理解工程知识，或者与工程师达到无障碍沟通，从而把纸面上的东西变为产品（成品）。

　　设计不可能脱离工程而独立存在。在现阶段的分工条件下，工业设计师需要良好的工程素养，这是设计师和工程师交流的重中之重。在设计工作中，面对浩若烟海的工程知识、前沿科技，设计师如何去面对，如何去理解，如何去应用，这需要很高的工程素养。而工程素养是可以培养的。

　　现阶段设计师的工程素养培养面临着一些尴尬。理工院校的工业设计专业，人文知识无法作为

产品设计工程基础

重点来进行教学，学生即使学过工程知识，但面对感性化、模糊化的设计工作，如何与工程知识结合、灵活运用成了一个问题；艺术院校的工业设计专业，强调着色彩、光影、华丽而个性的效果图，对工程素养的重视程度无法提高，大量的文科生面对和理工院校一样的工程知识类教材感到无所适从。

本教材从工程知识的认知、扩展、提高到应用的一系列过程，囊括了过去"工程力学基础"、"电工电路"、"材料与加工工艺"、"机械原理"、"机械设计基础"等科目的工业设计相关工程知识，还包括了前沿的加工工艺和工程方法，通过小课题与大课题结合、动脑与动手结合的方式展开。用大量形象生动的语言和能够动手的、交互式的实例提高学生对工程知识学习的兴趣，在学习工程知识的同时应用一些学过的知识，比如人机工程、设计思维、市场等。此外，本教材着重让学生找到适合自己的对工程知识的学习方法，在脱离学校教育后，能够有能力、有目的、自主地在工作中学到新的、对口的工程知识，这也是本书编写的另一目标——培育良好的工程素养。

本书分为7章，由燕山大学孙利、吴俭涛、陈继刚组织编写，并进行全书的统稿工作。参加编写的还有燕山大学陈永亮、王之苑（第1章），杨芳、张小利（第2章），李蒙晓、曹新瑜（第3章），张文青、卢颖（第4章），饶琬婧、魏凯（第5章），曹宝、于鸿飞（第6~7章）。为方便高校教师选用，还制作了PPT教案，有需要的教师可向清华大学出版社索要：wangbx@tup.tsinghua.edu.cn。本书部分图片来源于网站，由于时间、精力有限，无法追溯其原始出处，故未能一一注明，在此向相关人士表示感谢。

在多年教学经验的基础上，本书在体例、系统和内容取舍上融入了自己的心得。但由于水平有限，缺点和错误在所难免，衷心期待读者批评指正。

编者

2014年7月

目　录

第1章　融合——设计师与工程师的握手 1

1.1　设计话语权 1

1.1.1　感性与理性的博弈 1

1.1.2　理性的光芒 2

1.2　工业设计的设计方法 4

1.2.1　理性设计法 5

1.2.2　感性设计法 8

1.3　设计师的知识结构体系 12

课题1　桌椅的设计——日用品的工程设计 13

第2章　材料登场——被设计的材料 17

2.1　产品设计常用材料集锦 17

2.2　产品的外衣——材料解析 18

2.2.1　材料的分类 18

2.2.2　材料的力学性能 40

2.2.3　材料的整形手术——材料加工工艺与技术 43

2.3　喜新厌旧——新型材料的体验与运用 65

2.4　典型成型工艺 70

课题2　材料的体验实践——触摸、观察、记录、改造身边的材料 71

第3章　产品的骨骼——结构与机构设计 73

3.1　产品结构大家族——产品结构形式集锦 73

3.2　结构的本质——力的接力棒 76

3.3　运动的载体——机构的组成 77

3.3.1　平面机构 80

3.3.2　机械传动 90

3.3.3　静联接 95

3.3.4　杆件与桁架 98

3.3.5 钣金设计 101

3.4 通用零部件 101

　　3.4.1 轴 102

　　3.4.2 轴毂联接 102

　　3.4.3 轴承 103

　　3.4.4 联轴器和离合器 106

　　3.4.5 弹簧 107

　课题3 动手实验——折纸的受力分析 108

第4章 脱胎换骨——模具 110

4.1 不装菜的篮子——模具的定义及功能 110

　　4.1.1 模具的定义 110

　　4.1.2 模具的发展历史 111

4.2 从流动态到固定态的支架——模具设计的要点 112

　　4.2.1 模具的分类 112

　　4.2.2 金属材料成型模具 112

　　4.2.3 塑料成型模具 119

　　4.2.4 橡胶模具 122

　　4.2.5 陶瓷模具 123

　　4.2.6 石膏模具 123

4.3 典型产品模具设计案例 124

4.4 新技术在模具设计中的应用 125

　课题4 理解与验证——勺子的模具设计 127

第5章 华丽面具——表面工程基础 129

5.1 魔镜告诉我——美丽外表的必要性与重要性 129

5.2 产品化妆间 130

　　5.2.1 产品化妆的种类——表面工程技术的分类 130

　　5.2.2 产品用化妆品的材料与属性 138

　　5.2.3 时尚靓妆风——汽车表面改装应用 140

　课题5 参观电镀和拉丝工艺工厂 142

第6章 强大的内芯——声光电热常识 144

6.1 无敌正能量——驱动产品的声光电热 144

　　6.1.1 能量 144

6.1.2　能量转换 147

　6.2　能源 152

　6.3　声学常识及声的利用 156

　6.4　光学常识及光的利用 158

　　　6.4.1　光的概念 158

　　　6.4.2　自然界中的光 158

　　　6.4.3　光的利用 159

　6.5　电学常识及电的利用 161

　　　6.5.1　电的概念 161

　　　6.5.2　自然界中的电 164

　　　6.5.3　电的利用 165

　6.6　热力学与传热学常识 166

　　　6.6.1　热力学与传热学概念 166

　　　6.6.2　自然界中的热 166

　　　6.6.3　热的利用 167

　6.7　无形的能量场——空气动力学 169

　　　6.7.1　汽车空气动力学 169

　　　6.7.2　飞行器空气动力学 170

　　　6.7.3　工业空气动力学 172

　6.8　产品的造血机制——液压及气动装置 174

　　　6.8.1　液压传动与液压装置 174

　　　6.8.2　气压传动 175

　　　6.8.3　气弹簧 176

　6.9　超越与升级——新型能源 177

　　　6.9.1　核能技术 177

　　　6.9.2　太阳能技术 178

　　　6.9.3　风能技术 179

　　　6.9.4　生物质能技术 179

　　　6.9.5　氢能技术 181

　　　6.9.6　地热能技术 182

　　　6.9.7　潮汐能技术 182

课题6　参观学校声、光、电、热学实验室 183

第 7 章　课题拓展训练..**186**

课题拓展实例 1　材料研究 186

课题拓展实例 2　产品结构原理研究 187

课题拓展实例 3　人与工具 187

课题拓展实例 4　以"靠近"为主题的专题设计 188

参考文献...**189**

第 **1** 章 融合——设计师与工程师的握手

21世纪，是一个变革的时代，是一个重塑人文精神的时代。在这个新的时代，设计必须、也正在被重新定义。技术、社会和经济的变革促使设计去"想得更大、更多"。设计的角色、方法、作用正在不断拓展，设计思维结合科技思维，实现了需求、可能性和可行性之间的平衡，给未来设计和创新发展以新的可能性。这些正在显现的思索与实践从深度、广度和复杂度上都对设计的知识提出了更高的要求。越来越被强化的跨学科特色，对创新型和复合型人才的教育与培训，对新兴领域的探索，学习方法的变革以及新的价值观念的形成都已经成为设计变革的重要标志。这也使得不同领域的知识在社会、经济层面的链接与整合拥有了前所未有的可能性。

目前中国已经设立了设计学一级学科。学科是科学知识体系的分类，而不仅仅是个职业范畴。设计作为一门学科，其发展的目标是与设计相关的知识发现和创造，并以知识形态的成果服务社会，对接社会和经济发展需求。从长时间来看，在技术、经济和社会变革的背景下，将设计作为一门学科，关注其研究领域、理论体系和方法论的革新与发展，讨论并研究其发展趋势和内容构成，变得十分必要。

1.1 设计话语权

纵观全球经济一体化进程，国家经济实力的竞争逐渐由生产与制造等硬实力的竞争，转向设计与创新等软实力的竞争。随着中国制造的成本优势不断缩减，提升中国设计的国际竞争力，推动中国制造向中国设计转型，变得日益紧迫。对于中国设计教育来说，培养兼有传统文化底蕴和国际视野的高端设计人才，增加中国设计在国内与国际市场的竞争力与话语权，已成为其在全球化浪潮中的新使命。

1.1.1 感性与理性的博弈

人们对设计的讨论，大抵有三个维度。

第一个维度是基于价值观的设计类别划分，是设计实践的理论和伦理基础。可持续设计、人本设计、包容性设计、开放设计等都例证了驱动设计概念的各种伦理与准则。

第二个维度，即基于方法的设计，它主要为设计开拓方法和工具，扮演了实践与认知的双重角色。服务设计、参数化设计和系统设计等是其中的代表。基于方法的设计可以基于某种价值观，为设计专业提供实现路径。

第三个维度是基于实践的设计，和职业紧密相关。这是由传统市场定位和劳动分工而来的。例如建筑师、产品设计师、景观设计师、平面设计师等设计职业都被包含在这样一种实践基础之中，即把他们的所知转化为现实，并成为一个专业。

这三个维度是相互渗透的，价值、方法和实践，综合在一起成为设计作用的方式。设计对社会和经济的影响，则必须在价值、方法和职业三个领域都有所体现。

从人才培养角度而言，这三者又对应了两种不同的能力：以专业能力为主的垂直能力，也就是我们常说的职业能力；以整合为主的水平能力，也就是面向不同问题，在不同情境选择性应用设计知识的能力。这两种能力的要求也体现出设计师的认知特点：感性知识与理性知识并举，两种思维方式交相博弈。这也是产品设计师的基本能力和素养。这两种认知博弈的结果创造并推动了社会的发展，形成了今天的客观世界。每一个具有划时代意义的经典设计作品无不是感性与理性、科学与艺术的完美结合。

跑车，其卓越的性能代表工业的发达水平，是先进科技的代表和缩影。意大利的法拉利跑车不仅代表了意大利工业的发达，同时也是汽车中的艺术品（图1-1），每一个细节都如意大利油画一样令人赞叹不已，每款经典车型都让人叹为观止，心驰神往。

图1-1　法拉利跑车

1.1.2　理性的光芒

据安博教育集团和清华大学发布的2008年工业设计专业景气度调查报告显示，工业设计专业的应届毕业生在毕业前的就业率仅仅只有14%，工科院校的工业设计毕业生很多都转行到其他类型的工作。另一方面，很多诸如华为、海尔、美的等企业常常为招聘不到合适的工业设计毕业生而苦恼，这些企业对毕业生的要求是"具有机械、材料、结构、模具、成本背景，易于进行可行性或可制造性设计，具有持续学习能力"。而目前很多院校的工业设计专业学生过分迷恋创意概念，华而不实，对于材料、加工、结构、技术及成本等设计可行性问题浅尝辄止，难以符合企业的招聘需求。以图1-2中轮毂设计为例，轮毂设计方案的细节部分过于尖锐，造成局部应力集中，轮毂很容易发生断裂，而追求好看而将轮辐设计过薄也会降低轮毂强度。造型繁杂，再加上上述两点原因又会造成后期表面处理的加工精度提升，从而引起成本倍增（次品率和废品率增加引起成本递增）。以上多点原因造成方案不能实施投产。

图 1-2　轮毂设计

具备工程技术相关知识和素养，是当今社会对产品设计师提出的能力要求。这项要求主要强调设计人员必须具备科学和务实的态度，对显性知识的认知和把握能力，具备整合设计硬环境的方法和手段，也就是强调设计人员理性思维的能力和水平。

基于严谨而理性的思考形成的产品设计，不仅闪烁着理性的光芒，有时更能创造全新的审美感受，拓展人类视觉感知的审美域。图1-3为一概念建筑设计，其复杂的生态曲线外观适应其各种高新科技功能的需要，是科学计算与计算机模拟的结果，而这种全新的外观形式也彻底改变了人们对建筑这一概念的传统认识，对建筑的审美感知又上升到了一个新层面、新境界和新高度。

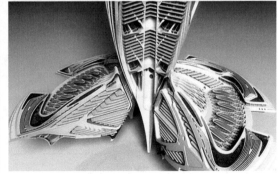

图 1-3　"氢化酶"概念建筑

这是比利时建筑师文森特·卡勒博（Vincent Callebaut）提出的"氢化酶"概念建筑，这些纺锤状的飞行器能够像植物的种子那样飞行或者悬浮在高空，它们的底座是能够产生氢气的悬浮农场，实现资源的自给自足。悬浮农场种植经过挑选的海藻品种，以有效吸收光和二氧化碳并产生氢气，还无须消耗农作物或者森林所必需的土地，并实现百分之百无排放。各种可再生能源都可以被集成在飞艇单元内。20 个风力涡轮机可满足 175km/h 的航行速度。飞艇除吸收太阳能外，还使用了更轻、强度更高的复合材料（玻璃纤维和碳纤维），以减少其结构质量。有"智能层"可避免冰雪积累，"自我可分离陶瓷"材料可最大限度地减小风阻。这两种仿生涂层安全无毒，自洁无菌，而四翼增大与基站的附着力，确保与基站连接稳固。

1.2　工业设计的设计方法

设计作为一门综合性学科，其设计方法很多，各具优势和特色。随着时代的进步，多种设计工具的开发和利用，产品设计方法也从最早简单的手绘草图法发展出并形成了各种各样的设计方法。

基于不同的设计工具和技术，目前国内通常使用的设计方法可分为手绘表现法和计算机模拟法。手绘表现法又包括快速草图法和手绘效果图法两类。计算机模拟法包括计算机 3D 建模渲染法和手绘笔虚拟绘制法。

从创意来源、设计思路和形态审美的角度，目前国内常见的设计方法有：头脑风暴法，KJ 法（属性归并法），语意设计法，情感化设计法，系统及模块化设计法（单体元素组合交叉法），风格塑造法，价值分析法，传统元素借鉴法，理论引用法（TRIZ 工程理论借鉴法）以及逆向工程设计法等。

这些方法，总体上可以归为理性设计法和感性设计法。感性设计方法比较利于新创意的获得，但不可避免地具有随意性、主观性和难以复制性，适用于中小体量和单一型产品的设计。而理性设计方法侧重数据分析和系统化评估，则更适用于复合度高、受控因子多的大型产品及产品工程的设计。

各种设计方法的目的都是为了获得最满意的设计方案。而从设计方案到实际产品生产，还需经过一个完整的设计流程（图 1-4）：依据设计定位寻找形象原型并构造具象模型，结合必要的设计条件从构思草图中得到优化的设计方案，再进行细节图、方案建模图、外形 3D 尺寸图、最终效果图等二维模型制作工作，并在此基础上制作手板模型，其间穿插并结合多次多方面的设计评价来调整设计方案，最终获得可以批量生产的产品方案。

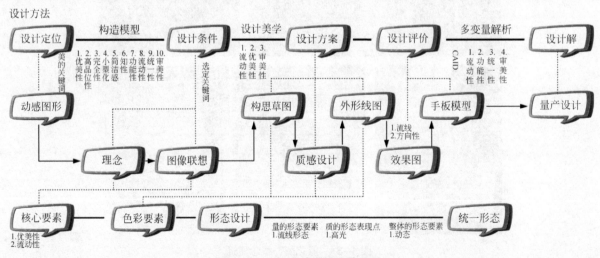

图 1-4　工业设计常规设计流程

1.2.1　理性设计法

有了好的设计理念，还要有科学合理的设计方法，才能实现最好的设计表达。随着时代进步、多种设计工具的开发和利用，产品设计方法也从最早简单的手绘草图法发展出各种各样的设计方法，通常分为两大类：理性设计法和感性设计法。

利用自然科学的方法和技术手段进行产品造型设计的方法，一般称为理性设计法。这里重点介绍经典参数设计法和基于材料受力特征的设计方法。

1.2.1.1　经典参数设计法

一个完整的产品往往由许多个零部件组成，将每一个零部件的形态简化（称为形态要素）并以不同代码标记，再结合不同代码的排列组合，形成不同的整体，从而实现产品形态设计的过程，这种方法称为经典参数设计法。此方法由于需要集合、演算、推理等数学知识和逻辑思考能力，对于理性思维较强的产品设计师尤为适用，在机械设备、仪器仪表、操作平台等以标准几何形态为主的产品领域应用较广。

形态要素的分类，主要分为经验要素和非经验要素。经验要素是指看到过或学习过的形态要素，非经验要素是设计人员创造或改造的形态要素。非经验要素还包含先天性要素、偶然性要素等，这也是形成设计师风格的关键因素。

图 1-5　早期家用录音机

以早期家用录音机设计为例（图 1-5），经典参数设计法的主要方法步骤如下所述。

1．集合构成与代码标注

将各个零件或部件用小写字母作为代码进行标注，如录音磁头 a_1、播音磁头 a_2、删除磁头 a_3，等等。然后归纳其共同的满足条件（可以从性能、功能、操作方式等各种属性角度来归纳总结），将满足条件的零部件都归结为同一集合，以大写字母表示，符合条件用 $\in$ 来表示。因为上述各磁头要素都满足"磁头功能"这一条件，所以构成了磁头部分的集合 A。

$$a_1 \in A, \quad a_2 \in A, \quad a_3 \in A \tag{1-1}$$

$$A=\{a_1, a_2, a_3\} \tag{1-2}$$

不同条件组成了不同的集合，有些集合对于其他集合来说是有一定作用的，但是也有的集合对其他集合没有作用。

2．代表符形提取与代码标注

从产品功能和产品形象角度，可以为步骤一中获得的各个集合赋予不同形式的代表符形（具有符号意义的图形），并以补集符号作为其标注代码。例如，磁头集合的代表符形以 $\overline{A}$ 表示（图 1-6 中 $\overline{A}$），符形的横向倒梯形区代表各种按钮操作，下端圆头的竖向矩形区代表旋钮操作。不同功能区的符形在视觉上要各不相同，符形差异度越大越佳。

符形也是一个集合，这个集合须为闭集合，如：

$\overline{A}$：磁头各种操作部分的符形形态（闭集），$\overline{A} \neq \varnothing$

$\overline{C}$：磁带驱动操作部分的符形形态（闭集），$\overline{C} \neq \varnothing$

3．符形组合

一个产品是各种部分集合相互结合后形成的，即不同符形组合在一起才能创造一个整体的产品形态。我们将合成集合形态用大写的 X，Y，Z 来表示。

D：磁带驱动执行部分的符形形态（开集），$D=\varnothing$ 或 $D \neq \varnothing$

各种符形与集合一旦以不同的排列组合方式组合起来，就可以形成不同的新形态，称为集合形态解 X_1，X_2，X_3，…（图1-6）。依据符形与集合数量的多少，结合数学上的排列组合运算可以得到不同数量的组合方式。

4．集合形态解评判

将5种合成集合形态的解进行进一步考量。按照视觉冲击强度、组合合理性，以及整体和谐性为基准对各种集合形态解进行排序。

$$X_4 > X_3 \geqslant X_2 > X_5 > X_1 \qquad (1-3)$$

$X_3 \geqslant X_2$ 中，等号的意思是包含集合的个数相同（都是3个集合组成），X_3 中的 E 比 X_2 中的 D 更具有形式稳定感，并能突出 $\overline{A}$ 和 $\overline{C}$，从这一点上看，X_3 比 X_2 更好。X_5 的集合数过多，产生整体杂乱感，X_1 为空集，说明组合不合理。

最后，综合各项标准，合成集合形态 X_4 为最优解：整体感佳，组合合理，视觉焦点明晰。以 X_4 为模板，就可以得到最终的产品设计方案（图1-7）。

当然，X_4 虽为最优解，但不意味着唯一解，有时从产品的形式多样性考虑，其他解或变体也可以成为最终产品方案的参考模板（图1-8）。

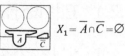
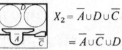

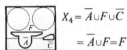
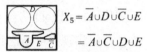

图1-6　各种集合形态解

图1-7　基于最优设计解的产品样机图　　　图1-8　基于其他设计解的产品方案效果图

这种通过集合运算获得最佳方案的方法虽然有时通过直觉判断也可以得到答案。但是，对于零部件数量较多、功能复杂的产品，这种方法就是一种不可或缺的形态设计方法。

1.2.1.2　基于材料受力特征的设计方法

在机械产品设计中，材料力学是不可缺少的重要基础理论，而机械形态设计在每个机种的设计研发过程中都是独立的，且具有以视觉感性判断为标准的审美偶然性。

作为形态设计的惯例，对于负重条件、应力分布状况，特别是应力集中等问题，都以"形态放大"的方式来解决。例如，2mm厚的机盖可以满足负重要求，但局部应力集中较大，就将机盖加到4mm厚，这样强度和应力都能满足了。但这种"形态放大"的结果会造成外观形态"傻大憨粗"，缺少视觉美感，也就破坏了产品的形态美。为此，开发一种新的形态设计方法，建立起设计美学和材料力学之间的关联是很有意义的。

利用计算机技术模拟分析产品材料和形态的受力状况，为设计师获得最佳形态设计方案，这就是基于材料受力特征的形态设计方法。

以运动型自行车车架设计为例。随着对自行车高性能化、轻量化以及流行化要求的提升，自行车车架也从三角形发展到多边形，甚至出现三角形无骨架和四角形无骨架自行车。利用材料受力特征设计法进行车架设计，其主要步骤如下。

第一步，自由形态设计。依据设计师的灵感、想象、个人经验和审美喜好，对车架进行形态自由发挥和细化（图1-9）。依据设计专家小组评判得到一致意见：两个孔的形态视觉效果最好，整体感和运动感最为清晰。

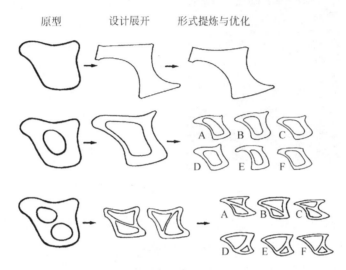

图 1-9　自行车车架的自由形态设计及形态细化

第二步，光弹性实验与应力分析。

利用计算机软件（此处用的 Alias 软件中的光弹性分析，俗称斑马线曲面表示法），对两个孔的形态细化后的方案进行光弹性实验，再结合工程软件进行应力分析（此处用的是 Pro/E 软件中的应力分析模拟表示）。图 1-10 显示的是横向模型的光弹性图和边缘应力线图，图 1-11 显示的是纵向模型的光弹性图和边缘应力线图。

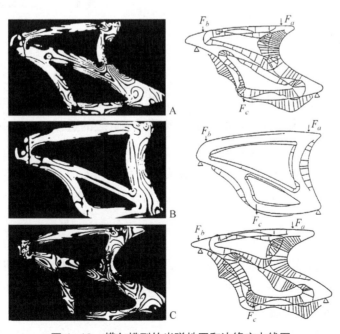

图 1-10　横向模型的光弹性图和边缘应力线图

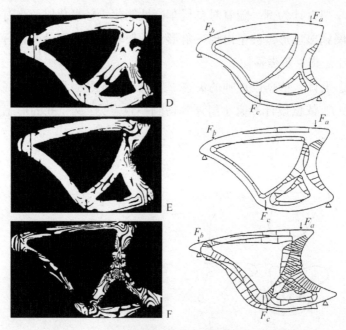

图 1-11　纵向模型的光弹性图和边缘应力线图

从图中可以看出横向模型 A、C（逆 T 字形）以及纵向模型 F（逆 Y 字形）的边缘应力形态最差，具有易分离的倾向，即受力后易断裂。横向模型 B 和纵向模型 D、E 的应力集中得到很好的缓解。特别是模型 D 的应力分布非常均匀，而且形态优美感很强。另外，模型 B 的应力分布也较为均匀、缓和，但视觉稳定感和平衡感上不如模型 D。因而可知，模型 D 是受力性能最好的形态方案。

最后，依据光弹性实验和应力分析结果，再结合流线型美感经验得到运动型自行车的整体结构设计（图 1-12）。

图 1-12　运动型自行车的整体结构设计图

1.2.2　感性设计法

设计学和工程学上富于感性的美的特性，可以通过两种方法获得，即优美的构思和优美的具体化形态。二者结合得好，人们就能够产生审美体验的满足感。而实际上，这是非常困难的。往往，我们容易将优美的造型思考表现为粗糙的形态，或者基于贫乏的造型思考而欲通过制造手段来获得优美的产品实体。

感性设计法即通过设计师的形态经验和灵感构思来获得产品形态的设计方法，这里重点介绍位相设计法和构词设计法，这两种方法对于产品外部结构设计和形态改良设计十分适用。

1.2.2.1　位相设计法

基于位相形态关系的位相设计法，不考虑形态的长短大小等量的关系，而以形态的位相性质为基础，探讨形态的位置和形态相互之间的连接方法在发生连续性变化时会如何影响形态的发展，并最终通过形态变换求出最终形态解。

从形态给人的感受角度来看，正方形、平行四边形、有机形等不是等价的（图 1-13）。这里所谓的等价，就是把它们看成是相同的意思。例如正方形的盒子和平行四边形的盒子表现在商品形态上是有很大区别的。这种形态比较和变换是产品设计经常要考虑的。四边形的形状归属于骨架构造，有机形态归属于外壳构造，这种自然而然产成的属性联想也是产品设计最初就要区分清楚的。

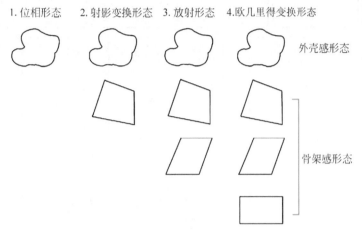

图 1-13 视觉不等价形

位相设计法，就是忽略形态的量的关系，只着眼于形态的位相关系，然后用集合论来解析它的性质。

第一步，位相关键词确定与基础形态展开。

首先，从位相概念的角度出发选定位相的关键词，然后列举。最基础的关键词就是"连续形态"和"有机形态"。按顺序排列：一体化形态、覆盖形态、回转形态、连接形态、有机形态、收起形态、有孔形态、交叉形态、分界形态、打捆形态、分离形态、对称形态、闭包形态、集成型态、分歧形态，以及集中形态等，其中集成形态也称为小型化形态。

第二步，形态具体化。即从位相概念等硬性关键词出发获得产品具体形态。

以计算机（键盘和显示器）设计为例。从基础的位相形态出发，经过射影变换和放射变换，最后转为欧几里得变换（图1-14）。再根据上述位相关键词，进行形态构想（图1-15）。

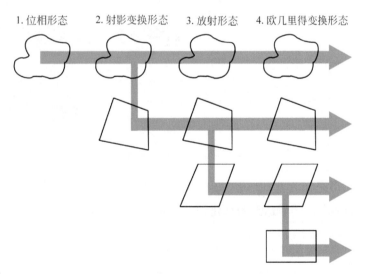

图 1-14 几何形的位相形态变换关系图

图 1–15　不同位相关键词对应不同计算机形态

选取最具代表性的有机形态，展开位相形态构想法（图 1-16）。

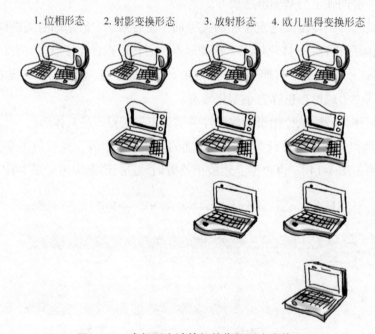

图 1–16　有机形态计算机的位相形态变换图

这种构思法将位相形态作为基础形态，通过形态变换创造出系列的形态群，从这个形态群中选出与设计要求相匹配的形态，然后达到商品化设计的最佳形态设计。

1.2.2.2　构词设计法

构词，是语言学的专用术语，以某一基本词汇为基础，通过增加前后缀或改变词汇中部分词根从而创造出新词，并产生新的词义。构词法通常包括词缀法、转类法、合成法、拼缀法、逆成法和缩略法。

基于语言构词法的思想和特点开发出的构词设计法，是一种相对简便、快捷而好用的设计方法，由于其间也需要借助设计人员设计经验等主观因素，故该方法也是一种感性设计法。

第一步，构词具体化。

通常，为了便于设计师思考和使用，各种构词法会转化成以下几个动词。

S（substitute）: 替换（转类法）

C（combine）: 结合、集约、归并（合成法）

A（adapt）: 改造、适配（拼缀法）

M（magnify or minify）: 放大或缩小（缩略法）

P（put to other use）: 另作他用（转类法）

E（elaborate or eliminate）: 增加或减少（词缀法与缩略法）

R（rearrange or reverse）: 重置或颠覆（逆成法）

具体的形态设计将基于以上的每个动词来展开,依据产品种类,可以适当选择其中几个动词或全部。

第二步，功能评判。

以土豆削皮器设计为例，按照上述动词进行产品功能评判，土豆削皮器可能由于动词的要求会发生怎样的改变，由此可以带来怎样的好处（表 1-1）。

表 1-1　利用构词设计法进行功能评判

动词	改变	好处
substitute（替换）	用不同材料替换常规材料	橡胶手柄手感舒适
combine（结合）	附加功能	加上洗土豆刷
adapt（适配）	增加适用范围	还能削胡萝卜、笋
magnify（放大）	加长削刀长度	削大土豆用
minify（缩小）	折叠式	更安全
put to other use（另作他用）	作为工艺品而非日用品	提升附加价值
elaborate（增加）	曲面削刀刀刃	更契合土豆表面形态
eliminate（减少）	减少为一种材料或一次成型	外表更简洁、引人注目
rearrange（重置）	削刀与手柄成 120° 角	更符合人机工学
reverse（颠覆）	反常规，没见过	建立全新使用体验

第三步，具体形态设计。

结合产品的使用人群定位和第二步功能评判结果，确定合适的动词，并展开具体的形态设计。

例如，面向青年夫妇，重在建立新的使用体验，选择动词: 颠覆。具体方案如图 1-17 所示。

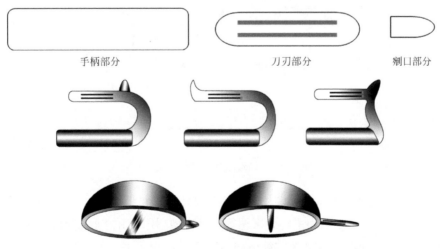

图 1-17　具有颠覆特点的土豆削皮器形态设计方案示意图

1.3 设计师的知识结构体系

在"全球化"与"数字化"两大浪潮的冲击下，中国的设计教育正面临着前所未有的挑战。另一方面，以（移动）互联网和数字化为特征的信息技术革命改变了设计对象、内容和传播方式，重塑了设计的技术基础和价值体系，产生了服务设计、信息设计和交互设计等新领域。传统的产品设计、平面设计正逐步与这些新领域结合，走向以用户体验为中心的综合创新。设计行业的变化发展，对设计专业的知识内容提出了新的要求，并且这种变化趋势越来越快，知识内容也日益交叉，对设计人员的能力和知识结构体系的更新提出了新的要求。

如何培养设计师的全球化视野和国际竞争力，为中国制造向中国设计转型提供有效之才，何种知识结构体系能应对设计产业的快速变化和设计专业知识的日益交叉，怎样利用现有信息技术提高设计师的自主学习能力和效率？

当今中国对设计师和设计人员能力的时代要求：中国设计元素的当代化与国际化能力；国际化环境下的设计沟通与协作能力；多学科交叉知识的自主学习能力。

当今时代被称为感性时代，作为设计方法的新支柱，基于感性的美的特性为主题的设计美学必不可少，对感性美学的理解和认识构成了当代设计师的思想基础。

在奉行功能主义的时代，产品形态设计采取"形态服从功能"这一原则。传统机械设计由材料力学、机构学和功能三大支柱支撑（图1-18）。然而，在当今感性时代，"形态服从功能"这一原则被"形态服从感性"取代。美、被设计的人工物、人这三根新机械设计的支柱构成了一个新的三角形。这三根支柱由机械工学、形态设计、设计美学、造型心理学、社会学、人机工学等各种学术理论所支撑（图1-19）。

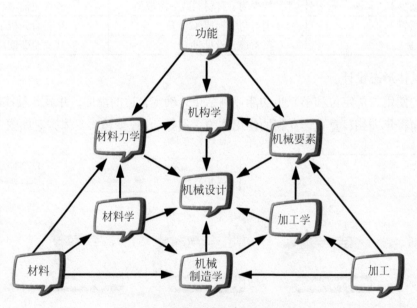

图1-18 传统机械设计的三大支柱

基于视觉思考法则进行的产品形态设计，传统的设计程序和步骤是：形象草图→构思草图→细节图→方案建模图→外形3D尺寸图→最终效果图等二维模型制作，并在此基础上进行工作模型、尺寸模型、改良模型、样机、小批量成品等三维模型的制作。

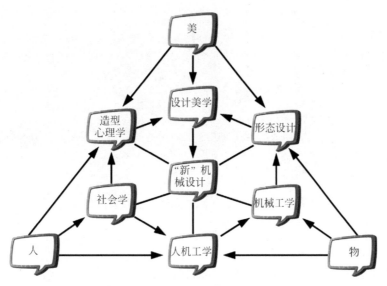

图 1-19 新机械设计的三大支柱

如今，毋庸置疑，解决用户提出的现实问题，正成为每一个产品设计的新课题。产品设计不是提供一个美的形态，而是提供一种设计服务。这就要求设计师不仅具备专业知识和专业技术，更要在人文精神和跨学科知识的学习上具有更高的能力和素质。

以人为本，在实践中学习、多元发展、创新设计是当代设计师必须具备的专业思想。产品与服务设计、产品营销、品牌建立、消费趋势、工程技术、互动设计、创业企划是当代设计师必须要了解的专业知识。独创、开放、人本、跨学科意识、实干精神、国际化视野，概念的、本真的、灵活的、创造的、自由的、充满好奇的、热情的是当代设计师必须保持的人文精神和心理素质。增进商业知能，反思社会文化，探索使用体验，开发身体特质，重新定义和考量人与福祉、人与移动、人与居家、人与公共空间、人与识别、人与休闲、人与活动、人与沟通之间的关系，是当代设计师的重要践行领域。这也将是设计师在思想层面、理论与方法层面、技术与实践层面上的一次新的塑造和自我提升。

课题 1　桌椅的设计——日用品的工程设计

桌椅设计，是产品设计中经典而久热不衰的主题。桌椅是人们日常生活中常见的家具，经常要受到各种力与环境的冲击和影响而受到破坏。从材料选择、结构试验、模型试制到样机测试，可以说，桌椅的设计，就是一个浓缩版的工程设计。

请大家以桌椅设计为题，结合本章介绍的四种设计方法，任选其中两至三种，进行桌椅形态设计。设计各阶段需达到的程度，请具体参考各阶段图示。

1．设计定位（可自拟）

例如，以年轻人为设计对象，针对工作室的办公环境，设计一款具有休闲功能的靠背椅。

2．形态设计展开

1）概念化阶段

对椅子进行概念化设计，进行草图构思，考虑功能性、材料选择、结构构造等问题，确定初步方案。

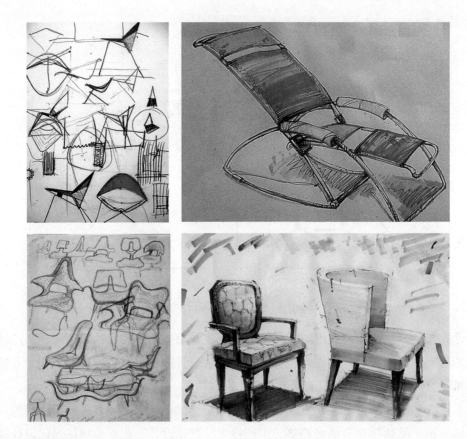

2）缩比草模制作

根据草图方案进行快速设计草模制作，为提高速度可缩小比例。缩比草模的目的是预估设计方案在结构构造上的合理性以及形式比例的美观性。

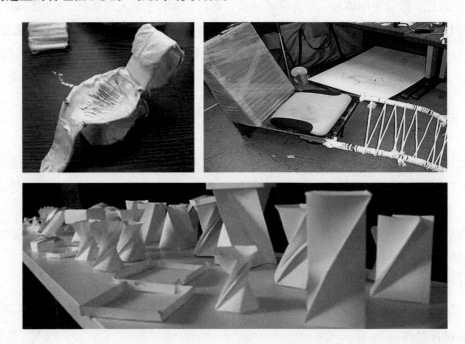

3）2D 效果图

在完成材料和结构分析后，从草图方案中寻找最佳解决方案，形成材料质感和结构明确的 2D 概念效果图，并赋予色彩方案。

4）等比模型制作

对选择的理想方案进行等比例模型制作，重点是考量结构的人机性、稳定性和技术可行性。同时还要结合生产条件进行方案细节完善，如连接用标准件的数量和尺寸规格。根据实际条件，可以由有经验的模型师傅完成，也可独立完成。

5）3D 模型建立

根据调整后的模型进行计算机三维模型建模，并结合视觉美观性进行适当的尺寸和比例微调。

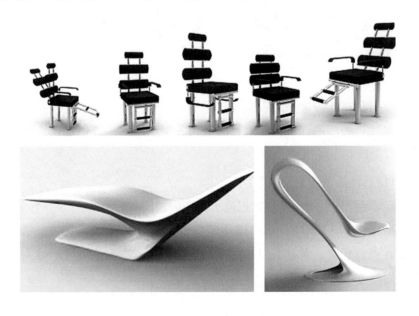

15

6）最终效果图或模型照片

以最佳视角，结合 PS 等图像处理软件进行最终效果图设计，模拟使用场景或使用状态。

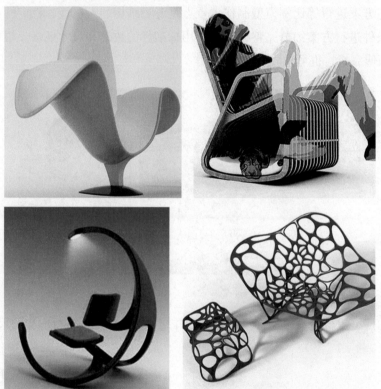

7）样品制作

结合实际条件，可以由相应加工工厂完成样品制作。样品一般为单件或小批量制造。在形式和细节上将和未来批量生产的成品保持一致。目的是为各类型用户的评估提供直观依据，进而预测该产品方案的消费者喜爱度和市场拓展潜力。

3．设计评价（自我评价和请他人投票）

自我评价：分条写出设计者本人喜欢这把椅子的理由。

他人投票：将效果图打印（有条件的可以用样品模型实物），请他人观赏，喜欢者投一票，不喜欢者表述原因，设计者作记录。通过票数和观看总人数比例，得出该设计的他人喜爱度数据，口述记录作为设计改进的参考。

第2章 材料登场——被设计的材料

石器时代、陶器时代、青铜器时代、铁器时代、高分子材料时代、复合材料时代，以及今天的硅芯时代，材料的创新与发展始终与人类文明和社会进步休戚相关。材料是设计的对象，材料既为设计创造了机会，也给设计带来了限制，而真正具有创造性的设计大多正是通过创造性地选择材料而实现的。

2.1 产品设计常用材料集锦

木材和石头是人类最早学会利用并一直利用至今的天然材料，陶瓷和玻璃是人类最早创造出来的人工材料，纺织纤维的运用使人类与其他地球生物产生了视觉上的明显差别，金属和塑料的普及是科技创新、工业化及产业规模化的结果，它们让我们理解了坚强和不朽的材料语意。

多种材料的结合，可以诞生新的材料品种，而这些新品种又往往各具其能，各有用处。用于包装的材料，质轻、易人工处理、价格低廉；用于印刷的材料，易于涂敷和定型，抗水而不易褪色；医用材料无毒无味，与人体亲和；而智能材料是所有材料的集大成者和希望之星，它使得人们利用产品解决问题变得更容易，也更聪明（图 2-1）。

图 2-1 产品设计常用材料

2.2 产品的外衣——材料解析

2.2.1 材料的分类

分类标准不同，考量角度不同，对材料的理解和认识也就不同。通常，从材料加工度、材料形态和材料属性这三种角度进行材料解析，比较便于产品设计师理解、掌握和运用。

图2-2 砍砸用石制工具

2.2.1.1 按材料的加工度分类

材料的人工处理程度称为材料加工度。加工度越低，材料的自然状态及固有特性保留得越明显；而加工度越高，材料的派生特性相对越多。从材料加工度的角度，材料通常可以分为天然材料、加工材料和人造材料三大类。

（1）天然材料，是指不改变材料自然特性或只实施低加工度的材料。如原木、毛皮、金属、石材（图2-2）等。

（2）加工材料，是指以天然材料为基础，经过一定人为加工处理的材料，如木质板材（图2-3）、纸张（图2-4）、石材、复合材料等。加工材料具备材料的自然特性的同时，在使用性能方面会有所提升。

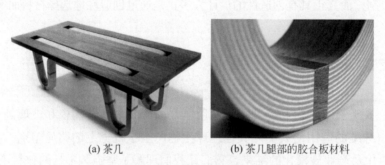

(a) 茶几　　　　　　　(b) 茶几腿部的胶合板材料

图2-3 胶合板茶几

图2-4 纸质餐具

（3）人造材料，是指人工制造或创造的、自然界中几乎不能天然存在的材料。通常可以分为两类：一是模仿天然材料所创造的人工材料，如人造皮革、人造大理石、人造水晶等；二是利用某种人工干预机制，如化学反应等人工合成的材料，如陶瓷、塑料（图2-5）、玻璃等，这些材料不仅在自然界几乎不存在，其材料特性也是任何天然材料都不具备或不可比拟的。

(a) 塑料餐具　　　　　　　　　　　　(b) 塑料餐具细节

图 2-5　塑料餐具

2.2.1.2　按材料的形态分类

按照一定加工标准，通过标准化、规模化的生产而制造出来的材料通常称为型材。型材具有规矩的外观尺寸，断面呈一定形状，具有一定力学物理性能。型材既能单独使用也能进一步加工成其他制造品，常用于建筑结构与制造安装，配合后期的表面处理，方可形成最终产品。根据视觉形态，可以将型材分为点状型材、线状型材、面状型材和块状型材。

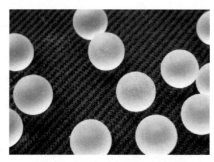

图 2-6　点状型材：磨砂玻璃珠

（1）点状型材。材料实体的单体较小，在运用和后期加工过程中往往需要改变材料形式状态的材料，称为点状型材或粉粒状型材，如塑料颗粒（也称为塑料米）、玻璃颗粒（图 2-6）、石膏粉末，水泥等。点状材料在转化为最终产品时往往以聚集态存在，所以视觉上并不一定保持散点状了。

（2）线状型材。在长宽高三个维度上，有两维尺寸相对接近并较小，而第三维尺寸相当大的材料称为线状型材。线状型材视觉上给人以线条感。以线状型材为主加工而成的产品，其整体体现出弯曲、缠绕、编织等曲线和线形组合所特有的形式美感，如钢管、钢丝、纤维丝、蚕丝、塑料管、木条、竹条、藤条等（图 2-7）。

图 2-7　各种线状型材制造的产品

（3）面状型材。两维尺寸相对接近并较大，而第三维尺寸相当小的材料称为面状型材。面状型材视觉上给人以面片感和壳体感。面状型材是现代设计应用最多的材料类型之一，如金属板材、玻璃板材、塑料板材、木板材、纸基材料、膜材料、皮革、纤维织物等。面状型材加工出的产品，可以传达出类似于折纸艺术所表现出的灵活、巧妙、精绝的结构美感。在保证使用性能要求的同时，同线状型材一样，面状型材也可大大节约材料，实现产品轻量化（图2-8）。

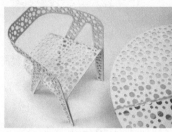

图2-8　各种面状型材制造的产品

（4）块状型材。密度均匀，三个维度的尺寸相近或相差不大的实体状材料称为块状型材，如原木、原石、金属坯锭、泥状材料等。中国是应用原木材料历史最悠久的国家之一，以木结构建筑最为代表，其设计难度、设计高度和艺术鉴赏性无不值得现代设计师学习和传承。但出于现代社会生态保护的需要，原木材料的获取和运用受到了限制。而人工合成的块材材料，也由于重量和体量上不便于运输和加工处理等原因，在应用上受到一定制约。

相较于线状和面状型材，块状型材强度更大，耐用度更高，形式表现力更丰富，可以创造出稳重大气、如雕塑般的艺术美感（图2-9）。

图2-9　各种块状型材制造的产品

2.2.1.3　按材料的属性分类

不同性质的材料具有不同的材料性能。通常，按照属性可以将材料划分为金属材料、无机非金属材料、有机材料、复合材料和新型材料（详见2.3节）等（图2-10）。

1. 金属材料

金属材料分为两大类，即黑色金属和有色金属。在元素周期表中除铁、锰、铬三种元素为黑色金属外，其余金属均为有色金属。

工业设计常用的黑色金属材料主要包括铸铁、碳钢、合金钢、不锈钢等。

1）铸铁

铸铁是含碳量在2%以上，由铁、碳和硅组成的合金的总称，俗称"生铁"。铸铁的抗拉强度、塑性和韧性较低，但流动性和铸造性能

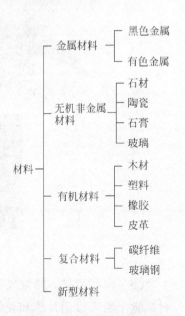

图2-10　材料的基本分类

优良。其耐磨性和消震性很好，易于切削加工，工艺简便，价格也相对低廉。但是，由于焊接性能和表面质量较差，故往往应用于机械设备类产品，在日用品设计中较少见。如，孕育铸铁用于制造机床、发动机缸体；球墨铸铁用于制造如汽车、拖拉机、内燃机等机车设备的曲轴、凸轮轴，或通用机械的中压阀门等；蠕墨铸铁用于制造柴油机缸盖、电动机外壳、驱动箱箱体、制动器鼓轮、液压件阀体、冶金钢锭模等；可锻铸铁广泛用于制造汽车、拖拉机、农业机具及铁道零件，或电力线路工具、管路连接件、五金工具及家用工具；抗磨铸铁用于制造农用犁铧、农机耙片、磨粉机磨片、杂质泵叶轮及泵体等；冷硬铸铁用于制造冶金轧辊、拖拉机带轮等；耐热铸铁用于制造烧结机台车、石油炼炉管板、电炉炉门、锅炉炉箅、烟道挡板、换热器等；耐蚀铸铁主要用于制造石油、化工、化肥等设备中的多种零件；无磁性铸铁主要用于油开关盖、变压器尾箱、电机夹圈、磁铁支架、潜水艇零件等；合金白口铸铁主要用于杂质泵叶轮和泵体、抛丸机滑板和叶片（图2-11）。

(a) 铸铁壁炉　　　　　　　　　(b) 铸铁井盖

图2-11　铸铁材料

2）碳钢

碳钢也叫碳素钢或普碳钢，指碳的质量分数为0.2%~2.06%并含有少量硅、锰、磷、硫等杂质的铁碳合金，俗称"熟铁"。

由于具有更低的含碳量，碳钢在塑性、韧性和焊接性上明显优于铸铁。此外，碳钢相对成本较低，也广泛应用于机械设备及零件的生产制造。

普通碳素结构钢用于一般工程结构件及普通零件，如Q235可制作螺栓、螺母、销子、吊钩和普通的机械零件以及建筑结构中的螺纹钢、型钢、钢筋等。优质碳素结构钢用于需要经过热处理后使用的机械零件和结构件，如08F用于汽车和仪表外壳等冲压件，20用于强度要求不高的机罩、小轴、仪表板、焊接容器及垫圈、螺母、螺钉等，40Mn用于受力较大的齿轮、连杆、机床主轴等机械零件，弹簧钢65Mn用于制造弹簧、机车轮缘、低速车轮等耐磨零件。

碳素工具钢常用于制造各种金属工具，如T7、T8钢制造承受一定冲击而要求韧性的大锤、冲头、凿子、木工工具、剪刀等；T9、T10、T11钢制造冲击较小而要求高硬度、高耐磨性的丝锥、小钻头、冲模、手锯条等；T12、T13钢制造不受冲击作用的锉刀、刮刀、剃刀、量具等工具（图2-12）。

铸钢，虽然铸造性能略逊于铸铁，但力学性能明显强于铸铁，主要用于制造形状复杂、力学性能要求高，而在工艺上又很难用锻压等方法成型的比较重要的机械零件，如汽车的变速箱壳、机车车辆的车钩和联轴器等。

3）合金钢

以碳素钢为基础适量加入一种或几种合金元素的铁碳合金，称为合金钢。添加元素不同，加工工艺不同，合金钢可以获得高强度、高韧性、耐磨、耐腐蚀、耐低温、耐高温、无磁性等特殊性能。

(a) 碳钢刀具　　　　　　　　　　　　　　(b) 碳钢平底锅

图 2-12　碳钢材料

所以，合金钢广泛用于船舶、车辆、飞机、导弹、兵器、铁路、桥梁、压力容器、精密机床等制造性能要求较高的设备及零件，如合金结构钢用于制造截面尺寸较大的机器零件和承受较大载荷的轴、连杆等结构件；表面硬化结构钢用于制造表面坚硬耐磨而心部柔韧的齿轮、轴等关键零部件；合金工具钢主要用于制造量具、刃具、耐冲击工具和冷、热模具及特殊用途工具，也用于制造柴油机燃料泵活塞、阀门及喷嘴等；合金刃具钢用于制作车刀、铣刀、钻头、丝锥、板牙等切削刀具。

合金钢中还包括特殊性能钢，其种类很多，机械制造中主要使用不锈耐酸钢、耐热钢、耐磨钢，而不锈耐酸钢包括不锈钢与耐酸钢。其中，不锈钢以其超级耐候性和优良的表面质感，在工业设计，尤其是日常用品设计中获得了广泛运用。

4）不锈钢

不锈钢是一种镍铬合金钢，具有抵抗大气腐蚀的特殊性能。铬是使不锈钢获得耐蚀性的基本元素，当钢中含铬量达到12%左右时，铬与腐蚀介质中的氧作用，在钢表面形成一层很薄而又坚固细密的稳定的富铬氧化膜（防护膜），防止氧原子继续渗入、氧化，从而获得抗锈蚀能力。

不锈钢不易产生腐蚀、点蚀、锈蚀或磨损，还集机械强度和高延伸性于一身，故应用广泛，可满足建筑师、工业设计师、结构设计人员的多种需要。

但同时，不锈钢也具有韧性大、热强度高、导热系数低、加工硬化严重、散热困难等诸多特性，在经过铣削、淬火、冲裁、成型及焊接等加工过程时，不但加工困难，而且会形成加工表面缺陷，如焊缝、铁锈、黄斑、划痕、毛刺、热回火等。这些缺陷不仅不美观，还会降低其力学性能及化学性能，损伤不锈钢制品的价值，因此在运用时应引起高度注意和重视。在进行产品设计时，要结合相关工艺知识和巧妙的产品造型设计来灵活回避可能产生的表面瑕疵（图 2-13）。

(a) 不锈钢烧水壶　　　　(b) 不锈钢餐具　　　　(c) 不锈钢餐盘

图 2-13　不锈钢材料

2．有色金属材料

在国外，黑色金属也称为含铁金属，而有色金属称为非铁金属。铜，是人类最早使用的有色金属材料之一。如今，有色金属及其合金已广泛应用于机械制造业、建筑业、电子工业、航空航天以及核能利用等领域，是不可或缺的常用结构材料和功能材料。

有色金属材料的分类方法很多，目前全世界还没有统一的标准。在实际应用中，通常将有色金属分为 5 类：轻金属、重金属、贵金属、半金属和稀有金属。而其中以铝制品、铜制品、金和钛制品在当代装饰品和日常生活用品中最为常见。

1）铝及铝合金

密度小于 4500kg/m^3 的有色金属，如铝、镁、钾、钠、钙、锶、钡等，都属于轻金属。

铝，银白色，是地壳中含量最丰富的金属元素之一。铝的密度很小，仅为 2700kg/m^3，质地软，质量轻，导热性好，高反射性，可以吸声，耐氧化，易回收，易加工，耐冲压，可阳极氧化成各种颜色。其导电性仅次于银、铜和金，延展性仅次于金和银。此外，铝合金表面可以形成致密的氧化物保护膜，不易受到环境腐蚀，在航空、航天、汽车、机械制造、船舶及化学工业中得到广泛应用。

由于铝合金质量轻，表面质感好，所以也常常应用在礼品、消费电子类产品和日常用品设计领域。2008 年北京奥运会"祥云"火炬的炬身就是铝合金材料配以腐蚀、着色工艺制作完成，质量轻又不烫手（图 2-14）。

图 2-14　各种铝合金材料制造的产品

2）铜及铜合金

密度大于 4500 kg/m^3 的有色金属，如铜、镍、钴、铅、锌、锡、锑、铋、镉、汞等，都属于重金属。

铜，表面氧化后成紫色，故又称紫铜。铜稍硬，极坚韧，耐磨损，具有良好的延展性、导热性、导电性和耐腐蚀能力，易于塑性加工、电镀和涂装。铜主要用于制造电线，常规用途的电线都是由纯铜制成，因为它的导电性和导热性都仅次于银，但价格却比银便宜得多。

常用的铜合金分为黄铜、青铜、白铜三大类。黄铜是铜锌合金，色黄，用于制造精密仪器、船舶的零件、枪炮的弹壳等。黄铜敲起来声音悦耳，因此锣、钹、铃、号等乐器都是用黄铜制作的；航海黄铜可抗海水侵蚀，可用来制作船的零件、平衡器；铜与锡的合金叫青铜，色青，用于制造精密轴承、高压轴承、船舶上抗海水腐蚀的机械零件以及各种板材、管材、棒材等。青铜最特殊的特点是"热缩冷胀"，冷却后膨胀，可以使铸造塑像的眉目更清楚；磷青铜可制弹簧；白铜是铜镍合金，其色泽和银一样，银光闪闪。由于也不易生锈，常用于制造电器、仪表和装饰品（图 2-15）。

3）金及金合金

金、银和铂族元素（铂、铱、锇、钌、钯、铑），在地壳中含量很少，开采和提取比较困难，故价格比一般金属都高得多，因此得名贵金属。贵金属同样具有优良的导热、导电性和超级耐氧化、耐腐蚀性。

(a) 黄铜管灯具　　　　　　　　　　　　　(b) 电线里的铜丝

图 2-15　铜与铜合金产品

金，呈金黄色，俗称黄金，是人类最早发现的金属之一。许多世纪以来，黄金一直被各个国家和人民用作货币、保值物及制作饰品（图 2-16）。

金异常柔软，是目前发现的延性及展性最高的金属，是热和电的良导体，具有优良的防腐蚀性能、极高的抗化学腐蚀和抗变色能力，可作为镀层金属。

K 白金是一种合金，是将黄金与其他白色金属熔合以后制成的。白色 K 金首饰常用"18K 白金"或"14K 白金"等表示。

铂金（Pt），银灰白色，比黄金稀有，除王水外不受酸碱腐蚀。铂合金硬度高于铂金，便于镶嵌宝石，可用以制作首饰。

钯金（Pd），轻于铂，比铂稍硬，不溶于有机酸、冷硫酸或盐酸，但溶于硝酸和王水。钯金是世界上最稀有的贵金属之一，比黄金要稀少很多。钯金纯度极高，几乎不含杂质，闪耀着洁白的光芒。钯金制成的首饰具有迷人的光彩，历久如新，而且不会造成皮肤过敏。

图 2-16　金在首饰中的应用

4）硅

性质介于金属与非金属之间的化学元素称为半金属，一般包括硅、锗、砷、硒、碲、锑，也有人将硼、碳和砹划入半金属。半金属大都属于半导体材料。

硅是地壳中第二丰富的元素，通常以复杂的硅酸盐或二氧化硅的形式广泛存在于岩石、砂砾、尘土等自然环境中。

高纯度单晶硅是重要的半导体材料，广泛应用于二极管、三极管、晶闸管和各种集成电路的生产制造。所以，包括美国在内的全世界的资讯科技产业和高技术企业聚集区多称为"硅谷"（图 2-17）。

在铝衬底上生长一层多晶硅薄膜，便可形成一种太阳能电池材料，便宜又轻巧，适于在太空和地面上使用（图 2-18）。

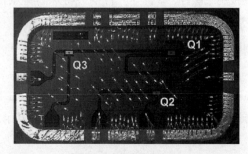

图 2-17　硅芯片　　　　　　　　　　　　　图 2-18　单晶硅太阳能电池

硅橡胶不仅广泛应用于航空航天、电气及电子工业领域，还普遍用于制造耳鼓膜修补片、人工关节、人造气管、人造肠管等人工脏器，因为它对人体没有不良影响。而导电橡胶是电子表中连接集成电路与液晶屏的理想材料。

微孔玻璃也是一种多用途的新功能材料。在化学工业上，可作为高温用气体分离膜、电解隔膜、超滤膜和反渗透膜，而超滤膜和反渗透膜是家用净水机的主要器件。在医学上，可作为血液净化等医疗用分离膜。此外，微孔玻璃还可制成无害摄影灯灯罩，保护被摄对象不受红外和紫外光射线的伤害。作为优良的隔热材料，微孔玻璃也用于制造像宇宙飞船观察窗等极端条件下的玻璃窗体，还可保障观察物体不会发生变形。

卤化银光色玻璃会随着光的强度变化而改变颜色，在强光防护、显示装置、光信息存储、交通工具上的挡风玻璃等方面有重要用途。

碳化硅陶瓷为基础的碳化硅远红外辐射板，有很高的干燥效率，非常适用于木材、家具、皮革、纺织、食品及粮食作物的干燥。

5）钛及钛合金

在自然中含量很少、分布稀散或难以从原料中提取的金属一般称为稀有金属。包括锂、铷、铯、铍、钛、锆、铪、钒、铌、钽、钼、钨、镓、铟、铊、锗、铼、硒、钪、钇、钫、镭、钋、锕、钍、镁、铀、镧系元素，以及人工制造的锝、钷、锕系其他元素和 104 ～ 107 号元素。

在现代工业中，稀有金属有着广泛用途，如制造特种钢、超硬质合金和耐高温合金，在电气工业、化学工业、陶瓷工业、原子能工业及火箭技术等领域也发挥着极大的作用。

铟主要用于平板显示器、合金、半导体数据传输、航天产品的制造。被形象地比喻为"工业味精"的稀土用于制造复合材料，镁、铝、钛等合金材料。锗主要用于夜视仪、热成像仪、石油产品催化剂、太阳能电池等生产，并被广泛用于光纤通信领域。金属钽不仅在火炮上有大用处，而且是以后宇宙空间探索必要的材料。

钛，银灰光泽，具有良好的抗腐蚀能力（包括海水、王水及氯气）和金属中最高的强度 - 质量比。此外，钛具有低导电性、低热胀率、高熔点，塑性好，易成型加工，具有良好的可焊接性，还可用作镀覆材料。钛和钛合金大量用于航空工业，有"空间金属"之称。目前已广泛应用于飞机、火箭、导弹、人造卫星、宇宙飞船、舰艇、军工、轻工、化工、纺织、医疗以及石油化工等领域，如钛金属钟表、眼镜和人造骨骼等（图 2-19）。

3. 无机非金属材料

无机非金属材料，是除金属材料、高分子材料以外的所有材料的总称。它是由硅酸盐、铝酸盐、硼酸盐、磷酸盐、锗酸盐等原料和（或）氧化物、氮化物、碳化物、硼化物、硫化物、硅化物、卤化物等原料经一定的工艺制备而成的材

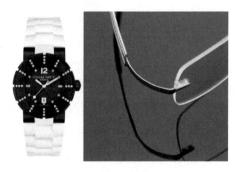

图 2-19 各种钛合金产品

料，它与广义的陶瓷材料有等同的含义。无机非金属材料种类繁多，用途各异，目前还没有统一完善的分类方法，一般将其分为传统的（普通的）和新型的（先进的）无机非金属材料两大类。

石材、陶瓷和玻璃是最为常见的，也是与人类生活休戚相关的传统无机非金属材料。如水泥、砂浆是工业和基础建设的基础材料，而仪器玻璃和普通的光学玻璃以及日用陶瓷、卫生陶瓷、建筑陶瓷、化工陶瓷、搪瓷、矿石（石棉、云母、大理石等）也都是日用生活中广为熟悉和使用的材料。

1）天然石材

石材主要可分为天然石材和人工石材（又名人造石）两大种类。天然石材是指从天然岩体中开采出来的、加工成块状或板状材料的总称，分为花岗岩、大理石、砂岩、石灰岩、板岩等，而尤以前两种在室内装修中最为常用。

从石器时代直到今天，人类从未停止对天然石材的开发和使用。其中，大理石纹理明显、颜色丰富、图案美感较好，但质地松软、强度较差、易碎裂，适宜装修电视机台面、窗台台面、室内地面等。而花岗石质地坚硬密实，不易破裂，表面肌理呈斑点状，耐磨、耐腐性、强度和光度都很好，适宜装修门槛、橱柜台面、室外地面砂岩颗粒均匀，质地细腻，结构疏松，吸水率较高，具有隔声、耐风化、耐褪色等特点，常用于室内外墙面装饰、雕刻艺术品、园林建造等领域（图 2-20~ 图 2-22）。

图 2-20　大理石椅子　　　　　　图 2-21　板岩蛋糕架

图 2-22　砂岩雕刻壁画

2）人造石材

人造石材由天然矿石粉、高性能树脂和天然颜料经过真空浇铸或模压成型，是一种矿物填充型高分子复合材料，俗称人造石。选料合适的人造石材无放射性污染，可重复利用，是一种新型环保建筑室内装饰材料，可以广泛应用于公共建筑（酒店、餐厅、银行、医院、展览、实验室等）和家庭装修（厨房台面、洗脸台、厨卫墙面、餐桌、茶几、窗台、门套等）领域（图 2-23、图 2-24）。

相较天然石材，人造石材色彩艳丽、光洁度高、颜色均匀一致，而且抗压耐磨、坚固耐用、比重轻、不吸水、耐侵蚀风化、不褪色、无放射性，所以价格普遍比天然石材要高。

3）陶瓷

陶瓷，陶器和瓷器的总称，是用天然或人工合成的粉状化合物，经成型和高温烧结而制成的多晶固体材料，包括普通陶瓷和特种陶瓷。陶瓷具有高强度、高硬度、热膨胀性低、优良的化学稳定性和电绝缘性等优点，缺点是韧性差、脆性大。

图 2-23 微晶石桌子

图 2-24 水泥灯具

粗陶是最原始、最初级的陶瓷器，由易熔黏土烧制而成。粗陶产品有磨砂般触感，具有天然质朴的视觉美感。早期民间常用的罐、缸、瓮以及耐火砖等多为粗陶制品（图 2-25）。

图 2-25 粗陶茶具

精陶体质较轻，可用于成套餐具、茶具、咖啡具以及盘、瓶、文具等陈设实用工艺品，以中国的紫砂壶最为著名（图 2-26）。

炻器，又称"石胎瓷"，是质地更为致密坚硬的陶器。其属性已和瓷器接近，多为棕色、黄褐色或灰蓝色，透明度差，具有很高的强度和良好的热稳定性（图 2-27）。

图 2-26 精陶茶具——紫砂壶

图 2-27 芥末黄碗（炻器）

和陶器不同，烧制瓷器需采用高岭土，即氧化铝含量较高的瓷土，烧成温度也较高，至少在 1100℃ 以上。瓷器热稳定性和化学稳定性很好，质感细腻、光洁，敲之声音清脆，而陶器声音则较为沉闷（图 2-28）。

特种瓷多以各种氧化物为主体，如高铝质瓷、镁质瓷、滑石质瓷、铍质瓷、锆质瓷、钛质瓷等。特种陶瓷具有特殊性质和功能，如高强度、高硬度、高韧性、耐腐蚀、导电、绝缘、磁性、透光、半导体以及压电、光电、电光、声光、磁光等。

图 2-28　瓷器产品

陶瓷刀，纳米锆质瓷，是古陶瓷文化和高新技术结合的产物。陶瓷刀具有传统金属刀具所无法比拟的优点：耐腐蚀、不生锈、高硬度、耐磨、无静电、摩擦力小、刃口锋利、切削轻快、不卷刀、无毒、不氧化、可耐各种酸碱有机物的腐蚀、不污染、易洗涤。其耐磨性是金属刀具的几十倍，切食物还不会留下铁腥味和铁锈，特别适宜于切生吃的食物和熟食。此外，陶瓷刀还具有广泛的家居、办公使用价值，以及工艺欣赏、收藏价值（图 2-29）。

图 2-29　氧化锆陶瓷刀具

4）石膏

石膏是一种用途广泛的工业材料和建筑材料。其加工工艺简单，能耗低，具有轻质、胶凝性好，隔声、隔热、防火，阻燃性能好等许多优良特性，常用于水泥缓凝剂、石膏建筑制品、模型制作、医用食品添加剂、硫酸生产、纸张填料、油漆填料等。在工业设计手板模型制作上也常用石膏进行模型翻模。

5）玻璃

玻璃是指熔融物冷却凝固所得到的非晶态无机材料。早期玻璃制品是由人工吹制而成。当代工业上大量生产的玻璃主要分为普通玻璃和特种玻璃两大类。普通玻璃是以石英为主要成分的硅酸盐玻璃。而特种玻璃在生产玻璃过程中加入适量的硼、铝、铜、铬等金属的氧化物，其特性大大优于或异于普通玻璃。

玻璃也是建筑工程中常用的装修材料，具有透光、透视、隔绝空气流通、隔声和隔热保温等性能。建筑工程中应用的玻璃种类很多，有平板玻璃、磨砂玻璃、磨光玻璃及钢化玻璃等，其中平板玻璃应用最广，一般门窗玻璃都是平板玻璃，具有透光、透视、隔热、隔声、耐磨、耐候等特性，但脆性大，易碎。

磨砂玻璃又称毛玻璃，透光而不透明，有保护视力和隐秘的作用，常用于厕所、浴室及工厂试验室等处。

夹丝玻璃是玻璃内夹一层钢丝网制成的。网片有六角形、菱形、方形等。它有较强的耐冲击性能和适应温度剧变的性能，破碎时不会有碎片飞落而伤人，常用于仓库、货栈等各种采光屋顶和天窗等处。

相较平板玻璃，钢化玻璃的强度和抗冲击性能大大增强，能耐急冷急热。破碎后的碎片小而无尖角，不会刺伤人，是一种安全玻璃，常用于有振动性的场所，如铸、锻、压、轧和热处理等车间，但不能对钢化玻璃进行机械切割、钻孔等加工。

磨光玻璃是平板玻璃再经研磨、抛光，使其能透视物体而不变形。一般用于高级建筑物的门窗上。

彩色玻璃是在玻璃原料中加入少量的金属氧化物制成的，是一种有色的透明玻璃。一般用于对采光有特殊要求的门窗和建筑幕墙上（图2-30、图2-31）。

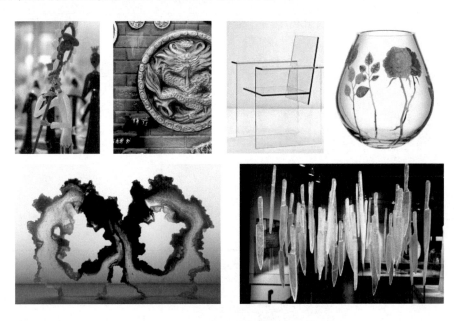

图2-30 各种玻璃制品及玻璃工艺品

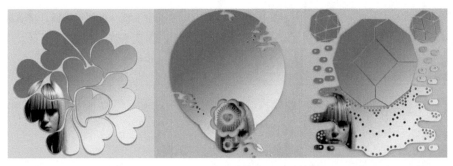

图2-31 特殊玻璃制品——镜子

4．有机材料

由碳、氢、氧、氮等元素组成的有机化合物材料统称为有机材料，如木材、塑料、橡胶、油漆等，日常见得比较多的棉、麻、化纤、皮革等也都属于此类。有机材料都能够在常温常压下燃烧，而无机材料则不能，比如钢筋、水泥、黏土砖等。随着对有机高分子化合物研究的深入，根据不同需要产生了众多的有机高分子材料和有机合成材料，这些也称为有机材料，广泛运用于生产、生活的各个领域。

1）木材

木材历来被广泛用于建筑建造、室内装饰与装修，它不仅给人以自然美的艺术享受，还能使室内空间产生温暖与亲切感，这是其他新型建筑结构材料和装饰材料无法与之相媲美的。所以，木材在建筑工程尤其是装饰领域中，始终保持着重要的地位。

　　木材按加工度分圆材、锯材、木质人造板三大类。圆材是森林采伐工业产品，主要有原条和原木；锯材是原木经过纵向锯割加工而成，具有一定的断面尺寸或剖面尺寸（四个材面）的板方材；木质人造板(简称人造板)是通过一定的生产工艺对木材及其加工或采伐剩余物进行深层次加工而成的板材。按制造工艺，木质人造板又可分为胶合板、纤维板、刨花板、细木工板等，这些都是工业设计、家具设计领域的常用材料（表 2-1）。

表 2-1　常见人造木板材

常见人造木板材图示	板 材 特 点
	胶合板：也称夹板和细芯板。不易开裂和翘曲，幅面大而平整，材质均匀，横纹抗拉，强度高，板面纹理美观，装饰性好
	细木工板：也称大芯板。是由两片单板中间粘压拼接木板而成。坚固耐用，板面平整，结构稳及不易变形，是良好的结构材料
	刨花板：幅面大，表面平整，隔热、隔声性能好。纵横面强度一致，便于加工，可进行贴面等表面装饰，但不耐潮，容重大
	密度板：也称纤维板。材质构造均匀，各向强度一致，不易胀缩开裂，具有隔热、吸声和较好的加工性能

　　木材质轻，富于装饰性，还具有调湿特性、隔声吸声性、可塑性、易加工性、良好的电热绝缘性，尤其适用于家具设计和日用品设计领域（图 2-32）。

图 2-32　各种木制品及工艺品

在中国，竹子、藤条等天然有机材料在家具和日用品设计中也有着十分长久的历史和应用。竹子在中国古代是高雅、纯洁、虚心、有节的象征，竹质品不仅可以使用，更可陶冶情操。竹子还是很好的再生资源，在我国产量极大，是一种非常有潜力的环保经济型材料。藤条，是一种质地坚韧、身条极长的藤本植物，外皮色泽光润，手感平滑，弹性极佳，适宜编织成各种容器类产品（图 2-33）。

图 2-33 各种竹藤制品

近现代的纸张，原材料大都是木材。作为木质纤维的制品，纸的质量轻、吸水性强、硬度小、易折叠、不易导电，其柔韧性相对较弱。纸，不仅可以用于书写、印刷、绘画或包装，如今，纸已广泛渗透于生产、生活的方方面面，是人类每日生活中不可或缺的基本材料。随着高新技术的发展，一些具有特别功能和特性的特殊纸——功能纸得到了极大的开发，纸的应用将有更为广阔的发展空间（图 2-34）。

图 2-34 各种纸制品

2）塑料

和纸张类似，塑料及其制品也是与人类当今生产、生活密不可分的一类材料。

塑料是一种合成高分子化合物或聚合物，有时也被称为树脂，可以自由改变形体样式。塑料是一个广泛意义上的术语，包括 30 多种基本材料，接近 38000 种配方。随着新品种的增加、老品种的淘汰，这一数量每天都在变化。

与金属相比，塑料具有以下优点与缺点：

优点：质轻，比强度高，电绝缘性能好，化学稳定性能好，导热系数低，减磨耐磨性能好，加工性能好，批量生产成本低，成型后外表美观。

缺点：强度、刚度、耐热性比金属差，热膨胀系数大，容易受温度变化而影响尺寸稳定性，受力会缓慢地产生流动或变形，在大气、阳光、长期的压力或某些物质作用下会发生老化，使性能变坏等。

（1）热塑性塑料

塑料可分为热固性与热塑性两类，热固性塑料无法重新塑造使用，热塑性塑料可多次重复生产。

常用的热塑性塑料主要有聚乙烯塑料、聚丙烯塑料、聚苯乙烯塑料、聚氯乙烯塑料、聚甲基丙烯酸甲酯塑料、ABS 塑料、聚酰胺塑料、聚碳酸酯塑料、聚甲醛塑料、氟塑料等。

聚乙烯塑料（PE），乳白色，有似蜡的手感，无毒，无味，密度小，具有良好的化学稳定性、耐寒性和电绝缘性，易加工成型，耐热性、耐老化性较差，其表面不易黏结。可用于生产保鲜膜、背心式塑料袋、塑料食品袋、奶瓶、提桶、水壶等产品（图 2-35）。

图 2-35　聚乙烯塑料制品

聚丙烯塑料（PP），半透明乳白色，无毒，无味，质轻，耐弯曲疲劳性优良，化学稳定性和电绝缘性好，成型尺寸稳定，热膨胀性小，机械强度、刚性、透明性和耐热性均比聚乙烯高。广泛用于食品用具、水桶、口杯、热水瓶壳等家庭用品及各种玩具、饮料包装，农产品的货箱以及化学药品的容器等（图 2-36）。

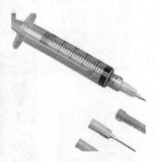

图 2-36　聚丙烯塑料制品

聚苯乙烯塑料（PS），质轻，表面硬度高，有良好的透明性，有光泽，易着色，具有优良的电绝缘性、耐化学腐蚀性、抗反射线性和低吸湿性。主要用于制造餐具、包装容器、日用器皿、玩具、家用电器外壳、汽车灯罩及用作各种模型材料、装饰材料等（图 2-37）。

图 2-37　聚苯乙烯塑料制品

聚氯乙烯塑料（PVC），具有良好的电绝缘性和耐化学腐蚀性，热稳定性差，成型时需加入稳定剂。硬质聚氯乙烯塑料的机械强度高，经久耐用，用于生产结构件、壳体、玩具、板材、管材等；软质聚氯乙烯塑料的质地松软，用于生产薄膜、人造革、壁纸、软管和电线套管等（图2-38）。

聚甲基丙烯酸甲酯塑料（PMMA），俗称有机玻璃，质轻，不易破碎，透明度高，易着色，具有一定的强度，耐水性、耐候性、电绝缘性好。表面硬度低，易划伤而失去光泽，耐热性低。广泛用于广告标牌、绘图尺、照明灯具、光学仪器、安全防护罩、日用器具及汽车、飞机等交通工具的侧窗玻璃（图2-39）。

图2-38 聚氯乙烯书架　　　　　　　　图2-39 有机玻璃制品

ABS塑料，强度高，轻便，表面硬度大，非常光滑，易清洁处理，尺寸稳定，抗蠕变性好，宜做电镀处理材料。常用于制作壳体、箱体、零部件、玩具等（图2-40、图2-41）。

图2-40 ABS制品

图2-41 ABS材料常用于产品模型的制作

聚酰胺塑料（PA），俗称尼龙，白色至浅黄色半透明固体，无毒无味，易着色。具有优良的机械强度，抗拉，坚韧，抗冲击性、耐溶剂性、电绝缘性、耐磨性和润滑性优异，是一种优良的自润滑材料。其吸湿性较大，影响性能和尺寸稳定性，多用于制作各种机械和电器零件，以及包装袋、食品薄膜等（图 2-42）。

图 2-42　尼龙制品

聚碳酸酯塑料（PC），无色至浅黄色，透明，无毒无味，具有优良的机械性能，耐热性、耐寒性和耐候性好，电性能良好，具有阻燃性和高透光性，易于成型加工，用作各种机械结构材料、包装材料，各种开关、电器、电视机面板等，也广泛应用于建材行业、汽车制造工业、医疗器械、航空航天领域及电子电器领域（图 4-43）。

图 2-43　PC 制品

聚甲醛塑料（POM），乳白色或淡黄色，着色性好，具有优异的力学性能，耐磨性好，耐蠕变性、耐化学腐蚀性和电绝缘性良好，热稳定性差，高温下易分解。其耐疲劳性在热塑性塑料中最好，广泛适用于汽车工业、机械制造业、电器仪表、化工业及轻工业等领域（图 2-44）。

图 2-44　聚甲醛制品

氟塑料，具有优异的耐化学药品性、耐高低温性和电绝缘性，不黏，不燃。聚四氟乙烯色泽洁白，有蜡状感，化学稳定性优越，抗王水，有"塑料王"之称。常用于制作性能要求较高的耐腐蚀物件，如管道、容器、阀门等。

（2）热固性塑料

热固性塑料属于一次塑形材料。此种材料第一次加热时软化流动，加热到一定温度，产生化学反应变硬。这种变化是不可逆的，再次加热时，就不能再变软流动了。酚醛、服醛、三聚氰胺甲醛、环氧、不饱和聚酯以及有机硅等塑料，都是热固性塑料。

由于具有一次变形特点，大部分热固性塑料用于隔热、耐磨、绝缘、耐高压电等恶劣环境中使用的产品，日常生活中最常见的有炒锅锅把手和高低压电器等。

酚醛塑料（PF），俗称电木，强度高、刚性大，坚硬耐磨，制品尺寸稳定，易成型，不易出现裂纹，电绝缘性、耐热性及耐化学药品性好，成本低廉。用作电子管插座、开关、灯头及电话机等（图2-45）。

聚氨酯弹性体塑料（PU），具有较好的耐磨性和耐老化性，耐化学腐蚀性和耐油性良好，抗裂强度大，富有弹性和强韧性。可用于制作汽车轮胎、汽车零件、制鞋材料和建筑材料（图2-46）。

图2-45 酚醛树脂手表

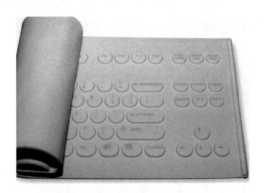

图2-46 聚氨酯弹性体软键盘

环氧塑料（ER），耐化学腐蚀性和电绝缘性良好，有优良的加工性能。可用作黏结剂、涂料、灌封材料、层压品及浇注品等。

有机硅塑料（SI），具有优异的耐热性、耐寒性、耐水性、耐化学药品性和电绝缘性，但机械强度低、成本高，不耐强酸和有机溶剂。主要用于制作层压板、耐热垫片、薄膜、电绝缘零件等（图2-47）。

3）橡胶

橡胶是提取橡胶树、橡胶草等植物的胶乳经加工后制成的具有弹性、绝缘性、不透水和空气的高分子化合物。橡胶按原料分为天然橡胶与合成橡胶，具有高弹性、黏弹性、电绝缘性、吸收震动、传热慢的优点，但同时也有老化现象。

天然橡胶（NR），从橡胶树、橡胶草等植物中提取胶质后加工制成。其弹性大，定伸强度高，抗撕裂性和电绝缘性优良，耐磨性和耐旱性良好，加工性佳，易与其他材料黏合，在综合性能方面优于多数合成橡胶。缺点是耐氧和耐臭氧性差，容易老化变质；耐油和耐溶剂性不好，抗酸碱腐蚀能力低，耐热性不高。其价格较为低廉，广泛地运用于工业、农业、国防、交通、运输、机械制造、医药卫生领域和日常生活等方面。如交通运输上用的轮胎，工业上用的运输带、传动带、各种密封圈，医用的手套、输血管，日常生活中所用的胶鞋、雨衣、暖水袋等都是以橡胶为主要原料制造的；国防上使用的飞机、大炮、坦克，甚至尖端科技领域里的火箭、人造卫星、宇宙飞船、航天飞机等都需要大量的橡胶零部件（图2-48）。

图 2-47　有机硅勺子

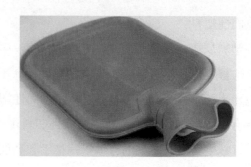

图 2-48　天然橡胶暖水袋

合成橡胶是以煤、石油、天然气为主要原料，经人工合成，具有高弹性特点的高分子聚合物。由于品种很多，并可按需求合成出各种不同的特殊性能，所以目前世界上的合成橡胶总产量已远远超过天然橡胶。

丁苯橡胶（SBR），性能接近天然橡胶，是目前产量最大的通用合成橡胶。在质地均匀性、耐磨性、耐老化和耐热性上都超过天然橡胶，但其弹性较低，抗屈挠、抗撕裂性能较差，加工性能差，特别是自黏性差，生胶强度低。在多数场合可代替天然橡胶使用，主要用于轮胎工业、汽车部件、胶管、胶带、胶鞋、电线电缆以及其他橡胶制品（图 2-49）。

异戊橡胶（IR），具有良好的弹性和耐磨性、优良的耐热性和较好的化学稳定性。一般用作轮胎的胎面胶、胎体胶和胎侧胶，以及胶鞋、胶带、胶管、胶黏剂、工艺橡胶制品、浸渍橡胶制品及医疗、食品用橡胶制品等。

顺丁橡胶（BR），具有特别优异的耐寒性、耐磨性和弹性，还具有较好的耐老化性能，通常与其他橡胶并用。主要用于轮胎制造，如耐寒轮胎；还可用于制造胶管、胶带、胶鞋、胶辊、玩具等，以及各种耐寒性要求高的制品或防震制品（图 2-50）。

图 2-49　丁苯橡胶轮胎

图 2-50　顺丁橡胶键盘

乙丙橡胶，耐老化、电绝缘性能和耐臭氧性能突出，主要分为三元和二元乙丙橡胶两种。一般用于生产所有的模压制品、通用胶管及汽车内耐热胶管，制造电器元件等。因挤出性能极优，也可与高黏度胶种共混以改善其他胶种的挤出性（图 2-51）。

氯丁橡胶，具有较强的耐燃性和优异的抗延燃性，其化学稳定性较高，耐水性良好。缺点是电绝缘性能、耐寒性能较差。是家具制造业之首选胶种，可用于高级防火板、铝塑板、三合板、工艺品、布料、汽车内饰、装饰装修、后成型弯曲防火板、橱柜、抗静电机房地板、PVC 板等黏合；高级沙发厚皮和粗皮、高级转椅成型海绵、高级沙发乳胶海绵、油性成型海绵等材料黏合。还可用于传动带、运输带、电线电缆、耐油胶板、耐油胶管、密封材料等橡胶制品。由于其表面质感细腻，也可用于部分箱包及日用品制造（图 2-52）。

硅橡胶，既耐高温又耐低温，是目前最好的耐寒、耐高温橡胶。电绝缘性优良，对热氧化和臭氧的稳定性很高，化学惰性大。缺点是机械强度较低，耐油、耐溶剂和耐酸碱性差，价格较贵。

图 2-51 三元乙丙橡胶密封条

图 2-52 氯丁橡胶字母压纹化妆包

众多的合成橡胶中，硅橡胶是其中的佼佼者。可用于模压高电压缘子和其他电子元件；用于出产电视机、计算机、复印机等，还用作需要耐候性和耐久性的成型垫片、电子零件的封装材料、汽车电气零件的维护材料。还可用于房屋的建筑部件密封与修复，高速公路接缝密封及水库、桥梁的嵌缝密封。除了建筑用密封胶以外，还可用于航空航天、核电站、电子、机械、汽车等行业的密封材料。作为软模材料还可大量用于文物、工艺品、玩具、电子电器、机械零件等的复制与制造。

优异的性能，外加无味无毒，硅橡胶在现代医学中获得了十分重要且广泛的应用：硅橡胶防噪声耳塞，佩戴舒适，能很好地阻隔噪声，保护耳膜；硅橡胶胎头吸引器，操作简洁，使用安全，可根据胎儿头部大小产生变化，吸引时胎儿头皮不会被吸起，可防止头皮血肿和颅内损伤等弊病，能大大减轻难产孕妇分娩时的痛苦；硅橡胶人造血管，与人的机体不排斥，经过一定时间就会与人体组织完全适应，稳定性极佳；硅橡胶鼓膜修补片，片薄而柔软，光洁度和韧性佳，是修补耳膜的理想材料。此外，还有硅橡胶人造气管、人造肺、人造骨、硅橡胶十二指肠管等，功效都十分理想。随着现代科学技术的发展，硅橡胶的医学用途将有更广阔的前景（图 2-53）。

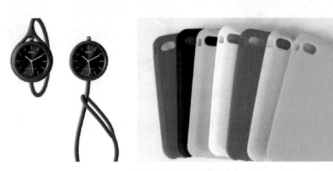

图 2-53 硅胶制品

4）皮革

皮革是经脱毛和鞣制等物理、化学加工所得到的已经变性、不易腐烂的动物皮毛。

皮革是皮与革的统称。"皮"是指各种动物的皮（即生皮），它在经过了一系列的物理与化学加工鞣制后转变成一种固定、耐用的物质，称为"革"。皮与革的主要区别是，生皮干燥后变硬，水浸后变软，易腐烂。而革经化学鞣制固定，具有柔软、坚韧、遇水不易变形、干燥不易收缩、耐湿热、耐化学药剂作用等性能，并且有透气性、透水性和防老化等优点。

皮革行业涵盖了制革、制鞋、皮衣、皮件、毛皮及其制品等主体行业，以及皮革化工、皮革五金、皮革机械、辅料等配套行业。

除了日常皮革制品，尤其是皮鞋用外，皮革还广泛用于工业生产中，成为一种常用而不可缺少的原料。此外，它也是军事装备和设施方面一种不可缺少的材料。例如军用靴鞋、航空衣帽、枪套、弹盒、武装带以及马鞍、马具都用皮革。

真皮，在皮革制品市场上是常见的字眼，是人们为区别合成革而对天然皮革的一种习惯叫法，是以动物革为基的一种自然皮革。牛皮革的革面细，强度高，最适宜制作皮鞋；羊皮革轻，薄而软，是皮革服装的理想面料；猪皮革的透气、透水性能较好，可用于皮带、沙发、箱包等产品（图2-54）。

图 2-54　真皮制品

再生皮，是将各种动物的废皮及真皮下脚料粉碎后，调配化工原料加工制作而成。其表面加工工艺同真皮的修面皮、压花皮一样，其特点是皮张边缘较整齐、利用率高、价格便宜，但皮身一般较厚，强度较差，只适宜制作平价公文箱、拉杆袋、球杆套等定型工艺产品和平价皮带等（图2-55）。

图 2-55　再生皮制品

人造革，是一种外观、手感似皮革并可代替其使用的塑料制品。其花色品种繁多、防水性能好、边幅整齐、利用率高，价格相对真皮便宜。

人造革的用途非常广泛，上天入海，几乎各个行业、各个部门都可使用。例如，汽车座椅、汽车门板、汽车仪表操作台、汽车顶棚、汽车挂挡手柄等部位的外包，家用及办公用沙发、桌椅、衣柜、壁橱、箱包、鞋料、渔具、玩具、家居品、装饰品、服装、商标、旅游用品、制本、印刷、球类、包装、制盒、工具袋，等等。但人造革的透气性和吸湿性较差，一般人穿着人造革皮鞋会感到"闷脚"（图2-56）。

合成革，是模拟天然革的组成和结构并可作为其代用材料的塑料制品。其表面光泽漂亮，不易发霉和虫蛀，比普通人造革更接近天然革，具有较好的透气性和透湿性，广泛用于制作鞋、靴、服装、箱包和球类等。随着技术革新，合成革在花色品种上有了极大的丰富，像水晶革、内花纹革、磨皮革、沟底印花革和冠染革等，拓展了合成革的应用前景（图2-57）。

5. 复合材料

复合材料，是用两种或两种以上不同性能、不同形态的组分材料通过复合手段组合而成的一种多相材料。在我国农村常见的草房的墙体，就是用泥浆与稻草混合制成，这就是一种纤维增强复合材料。

图 2-56　人造革制品

图 2-57　合成革钱包

与传统材料相比，复合材料具有比强度大、比模量大、耐疲劳性能好、阻尼减震性好、破损安全性较高的优点。此外，基体不同，增强体不同，复合结构不同，复合材料还可以表现出非常丰富、异乎寻常的综合性能，在很多领域都发挥了重要作用，代替了很多传统材料。

1）玻璃纤维增强塑料

玻璃纤维增强塑料（FRP），俗称玻璃钢，是一种纤维增强复合塑料。具有轻质高强、耐腐蚀、电性能好、热性能良好、可设计性好等特点。大量用于造船工业、建筑工业、化工耐腐蚀容器管道和飞机工业，以及用于车辆、机械、日用消费品以及雕塑品创作。

世界上第一把一次模压成型的玻璃纤维增强塑料（玻璃钢）椅——潘顿椅（图 2-58），外观时尚大方，有种流畅大气的曲线美，其舒适典雅，符合人体的身材，潘顿椅色彩也十分艳丽，具有强烈的雕塑感，至今享有盛誉，被世界许多博物馆收藏。

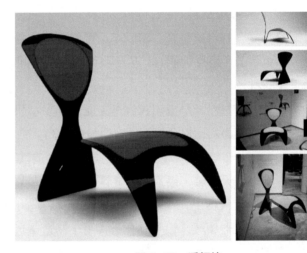

图 2-58　潘顿椅

2）碳纤维复合材料

碳纤维与树脂、金属、陶瓷等基体复合制成的结构材料简称碳纤维复合材料。具有高强度、出色的耐热性和抗热冲击性、低热膨胀系数、热容量小、优秀的抗腐蚀与抗辐射性能。

碳纤维复合材料是目前最先进的复合材料之一，正逐渐成为现代高新技术领域最有应用前景的一种复合材料。在风力发电、航空航天、汽车、建筑、计算机、空间光学结构等领域有诸多应用，例如，宇航工业上用作导弹防热及结构材料如火箭喷管、鼻锥、大面积防热层；卫星构架、天线、太阳能翼片底板、卫星 - 火箭结合部件；航天飞机机头、机翼前缘和舱门等制件；哈勃太空望远镜的测量构架、太阳能电池板和无线电天线。航空工业上用作主承力结构材料，如主翼、尾翼和机体；次承力构件，如方向舵、起落架、副翼、扰流板、发动机舱、整流罩及座板等，此外还有 C/C 刹车片。交通运输业上用作汽车传动轴、板簧、构架和刹车片等制件。船舶和海洋工程上用来制造渔船、鱼雷快艇、快艇和巡逻艇，以及赛艇的桅杆、航杆、壳体及划水桨；海底电缆、潜水艇、雷达罩、深海油田的升降器和管道。

在运动器材领域，碳纤维复合材料可用来制作网球、羽毛球和壁球拍及杆，棒球、曲棍球和高尔夫球杆，自行车，赛艇，钓竿，滑雪板，雪车等。土木建筑领域用作幕墙、嵌板、间隔壁板、桥梁、架设跨度大的管线、海水和水轮结构的增强筋、地板、窗框、管道、海洋浮杆、面状发热嵌板、抗震救灾用补强材料，以及其他工业化工用的防腐泵、阀、槽、罐、催化剂、吸附剂和密封制品等。人造骨骼、牙齿、韧带、X光机的床板和胶卷盒等生物和医疗器材，编织机用的剑杆头和剑杆，防静电刷，以及电磁屏蔽、电极度、音响、减磨、储能与防静电等设备也可以采用碳纤维复合材料（图2-59）。

图2-59　碳纤维制品

3）铝基复合材料

铝基复合材料质量轻、密度小、可塑性好，易于加工，比强度和比刚度高，高温性能好，更耐疲劳和更耐磨，阻尼性能好，热膨胀系数低。因此，铝基复合材料已成为金属基复合材料中最常用、最重要的材料之一。

铝基复合材料最早应用在汽车工业，如发动机活塞、汽车制动盘、齿轮箱等汽车零部件，在强度和耐磨性方面均比铝合金部件有明显的提高。铝基复合材料也可以用来制造刹车转子、刹车活塞、刹车垫板、卡钳等刹车系统元件，还可用来制造汽车驱动轴、摇臂等汽车零件。

在航空航天领域，铝基复合材料可用于制造飞机摄像镜方向架、卫星反动轮和方向架的支撑架；在电子和光学仪器中，铝基复合材料可用来制造电子器材的衬装材料、散热片等电子器件；在精密仪器和光学仪器领域，铝基复合材料用于制造望远镜的支架和副镜等部件，还可制造惯性导航系统的精密零件、旋转扫描镜、红外观测镜、激光镜、激光陀螺仪、反射镜、镜子底座和光学仪器托架等。铝基复合材料可以代替木材及金属材料来制作网球拍、钓鱼竿、高尔夫球杆和滑雪板等体育用品，例如铝基复合材料制作的自行车链齿轮重量轻、刚度高、不易挠曲变形，性能明显优于铝合金链齿轮。

2.2.2　材料的力学性能

材料性能包括固有性能和派生性能两个方面。固有性能包括材料的物理性能、化学性能和力学性能。产品在使用过程中往往要受到各种力的作用和影响，所以，材料的力学性能是产品设计选材考虑的重中之重。

物理性能包括密度、导热性、耐热性、热胀性、耐燃性、耐火性、导电性、电绝缘性、磁性、光性等。物理性能是材料存在的基础，物理性能决定材料的固有属性。

化学性能包括耐腐蚀性、抗氧化性和耐候性等。化学性能体现出材料在常温或高温时抵抗各种介质的化学或电化学侵蚀的能力，是衡量材料性能优劣的主要质量指标。

力学性能包括强度、弹性、塑性、脆性、韧性、硬度、疲劳强度、延展性、刚性、屈服点或屈服应力等。力学性能反映出产品与使用对象之间的作用关系。不同的使用环境和使用要求，对材料的力学性能要求不同。所以，力学性能决定了材料的使用范围。

派生性能是从材料的固有性能基础上演变、延伸、分化产生出来的，包括材料的加工性能、感觉性能、经济性能、环境性能等。加工性能，也称为材料的工艺性，包括材料的成型工艺性、加工工艺性和表面处理工艺性；感觉性能又被称为材料质感，是工业设计基本构成的三大感觉要素之一（形态感、材质感、色彩感）；经济性能，是指材料本身的生产成本、投资回报度等；环境性能，是指材料的自然环境友好性，如易回收性、易处理性，也指材料的人文环境适应性，如技术更新速度、应用市场规模、行业成熟度和竞争度等。

2.2.2.1 零件的受力与应力分析

一件产品往往是由多个零部件组成，这些零部件在工作时要受到各种力的作用。为保障产品使用性能的稳定可靠，需要对产品的零件进行受力分析。

以汽车轮毂为例，轮毂不仅要受到车体的压力和地面的摩擦力，在行驶的过程中，还有可能受到路况变化、汽车颠簸引起的冲击力，以及由各种力共同作用而形成的材料内应力和因高速转动和摩擦产生的热应力。当受力和应力超过既定极值，零件就会损坏。

借助 CAD 有限元模拟与计算法，工程人员可以在计算机上模拟零件的受力情况，并能准确直观地获得受力零件的应力分布，从而为零件设计的合理性做出精准的判断。

下面以轮毂的冲击载荷模拟为例，简要介绍零件的受力与应力分析过程。

对某一款轮毂，冲击锤质量为：D=510kg，下落距离为 H=230mm。考虑两个冲击位置：对准一个窗口的中心线，或是沿一根辐条的中心线。冲击力值为：F_i=34018N；另一种载荷是在轮毂安装轮胎部分的外表面上的应力，值为：p=0.2MPa。冲击试验的示意图见图 2-60。

图 2-60 轮毂冲击试验示意图

根据上述设置，计算机可以模拟冲击载荷试验，如图 2-61、图 2-62 所示。

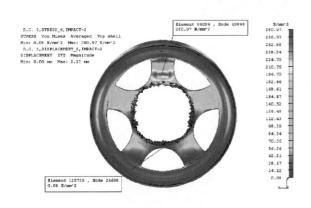

图 2-61 冲击载荷试验界面：力靠近一个轮辐中心线（去掉中间部分）

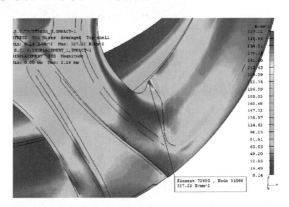

图 2-62 冲击载荷试验界面：力靠近一个窗口中心线

此外，根据载荷大小和时间，计算机还可以模拟轮毂各部分的温度分布及相应的热应力分布情况，见图 2-63、图 2-64。

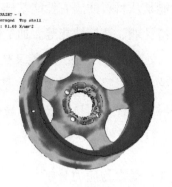

图 2-63　轮毂的温度分布界面　　　　　　　　图 2-64　轮毂的热应力分布

2.2.2.2　构件的弹性和塑性、强度与刚度

弹性（elasticity）和塑性（plasticity）、强度（strength）与刚度（rigidity），是产品设计师需要熟悉的概念，因为这些属性决定了设计师如何选择恰当的材料进行适合的产品结构设计。

1. 弹性和塑性的概念

物体在受力情况下，可产生三种变形，即弹性变形、塑性变形和脆性变形（或称破裂）。当外力小于某一限值时，在引起变形的外力卸除后，物体能完全恢复原来的形状，这种能恢复的变形称为弹性变形；当外力一旦超过弹性极限荷载，物体再也不能恢复原状，停留在变形后的状态，这种永久变形就称为塑性变形；而塑性变形达到物体断裂、破碎等情况，则称为脆性变形（图 2-65）。

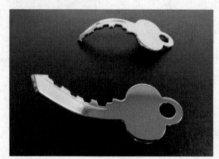

(a) 塑性变形　　　　　　　　　　　(b) 弹性变形

图 2-65　塑性变形与弹性变形

一般物体在受力时都有这三个变形阶段。例如一根弹簧，一般情况下，作弹性变形；当受力超过弹性强度时，作塑性变形，弹簧回不到原来的位置；当受力特大超过破裂强度时，弹簧拉断，作脆性变形。

所谓弹性，就是固体在去掉外力后恢复原来形状的性质；而所谓塑性，是在去掉外力后不能恢复原来形状的性质。弹性和塑性是物体的基本属性。

弹性和塑性，不仅与材质本身有关（如金、银比铁的塑性大，橡胶比金属的弹性高），而且与材料的形状和结构（构件）也有关系（钢片比钢板的弹性好，橡皮泥比橡皮的塑性强）。

2. 强度与刚度的概念

强度与刚度，是描述受外力作用的材料、构件或结构抵抗变形的能力的概念。

刚度就是通常说的硬度，是指构件在外力作用下抵抗弹性变形的能力。像各种钻头、刀具都是选用刚度大的材料以保障良好的切削能力，而能划开玻璃的金刚石是自然界中最坚硬的物质。

强度就是通常说的承受度，是指构件在外力作用下抵抗永久变形和脆性变形的能力。显然，刚度对应局部（表面）形变，而强度对应整体形变甚至断裂。也就是说当刚度被破坏到其内部后就是强度被破坏。通常，刚度大的材料，其强度也高。

强度是衡量零件本身承载能力（即抵抗失效能力）的重要指标，一般可分为静强度、疲劳强度、屈服强度、抗拉强度、抗压强度、抗弯强度、断裂强度、冲击强度、高温和低温强度等。强度的试验研究是综合性的研究，主要是通过其应力状态来研究零部件的受力状况以及预测破坏失效的条件和时机。

强度的大小取决于零件的几何形状、外力的作用形式和材料种类（即材料的弹性模量）。例如，薄板材和管状型材本身抗压强度较低，增加加强筋结构后，强度即可大幅度提高，而且不会增加过多重量（图2-66）。

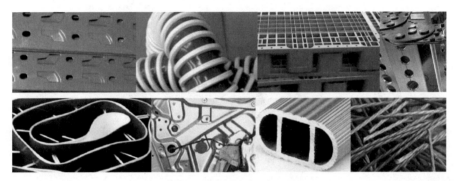

图2-66　常见的加强结构

在工程中，脆性和韧性也常常需要考虑。物体形变很小就被破坏的，这种性质称为脆性，常见的玻璃和陶瓷就属脆性材料；能够经受很大变形才被破坏的，称为韧性或延性，纤维、橡胶、黄金的韧性都很好。通常，脆性材料的塑性变形能力差，而韧性材料的塑性变形能力强。

2.2.3　材料的整形手术——材料加工工艺与技术

从原材料到最终的产品成品，材料经历了一个不断变身的过程，这就是材料的加工工艺。经过加工工艺这项"整形手术"，原本貌不出众的原材料会发生魔术般的转变，创造一个新的视觉奇迹。

2.2.3.1　金属的加工成型工艺

金属材料具有优良的加工性能，成型方法很多，主要分为铸造、塑性加工、切削加工、粉末成型、焊接加工等几大类，每一类都包含多种加工方法。

1．铸造

铸造是指将固态金属融化为液态，倒入特定形状的铸型，待其凝固而成型的加工方式。被铸金属通常有铜、铁、铝、锡、铅等，普通铸型的材料是原砂、黏土、水玻璃、树脂及其他辅助材料，特种铸造的铸型包括砂型铸造、熔模铸造、消失模铸造、金属型和陶瓷型铸造等。

1）砂型铸造

砂型铸造，俗称翻砂，一种用砂粒制造铸型进行铸造的方法，是最常用的铸造方法。其主要工序有制造铸模、制造沙铸型（即砂型）、浇铸金属液、落砂、清理等。砂型铸造适应性强，几乎不受铸件形状、尺寸、重量及所用金属种类的限制，工艺设备简单，成本低，但砂型铸造劳动条件差，铸件表面质量低（图2-67、图2-68）。

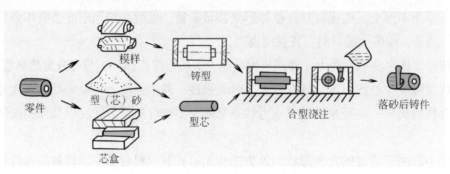

图 2-67　砂型铸造生产工艺流程图

图 2-68　通过砂型铸造工艺生产的金属制品

2）熔模铸造

又称失蜡铸造，属精密铸造方法，是常用的铸造方法。熔模铸造尺寸精确，铸件表面光洁、无分型面，不必再加工或少加工。但熔模铸造工序较多，生产周期较长，受型壳强度限制，铸件重量一般不超过 25kg。它适用于多种金属及合金的小型、薄壁、复杂铸件的生产。熔模铸造的工艺过程如图 2-69 所示，熔模铸造制品见图 2-70。

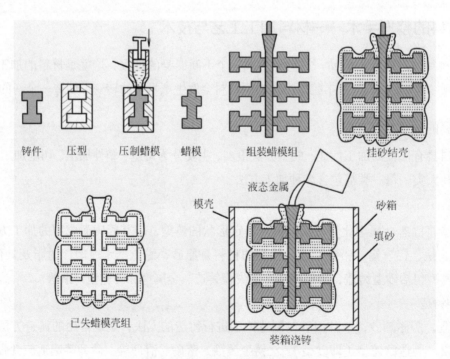

图 2-69　熔模铸造流程示意图

图 2-70　各种熔模铸造零件与制品

3）金属型铸造

用金属材料制作铸型进行铸造的方法，又称永久型铸造或硬型铸造。铸型常用铸铁、铸钢等材料制成，可反复使用，直至损耗。金属型铸造所得铸件的表面粗糙度值小，尺寸精度优于砂型铸件，且铸件的组织结构致密，力学性能较高。它适用于批量大、生产形状简单、壁厚较均匀的中小型有色金属铸件和铸铁件的生产（图 2-71、图 2-72）。

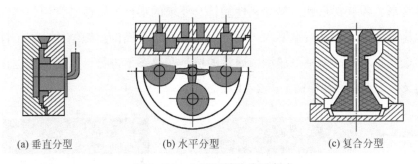

(a) 垂直分型　　　　(b) 水平分型　　　　(c) 复合分型

图 2-71　金属型铸造分型方式

图 2-72　金属型铸造汽车刹车盘

4）压力铸造

压力铸造简称压铸，属于精密铸造方法。它的铸造方式是在压铸机上，用压射活塞以较高的压力和速度将室内的金属液压射到模腔中，并在压力作用下使金属液迅速凝固成铸件。压铸法生产的铸件尺寸精确、表面光滑、组织致密，适合生产形状复杂、轮廓清晰、薄壁深腔的铸件，并能使铸件表面获得清晰的花纹图案及文字等。由于模具寿命原因，压力铸造主要用于低熔点合金的铸造，如锌、铝、镁、铜及其合金等铸件的生产（图 2-73）。

图 2-73　铝合金压铸件

2.金属塑性加工

金属塑性加工又称金属压力加工，是指在外力作用下，金属坯料发生塑性变形，从而获得具有一定形状、尺寸和力学性能的毛坯或零件的加工方法。压力加工技术的使用使金属突然之间可以像面团一般随意揉捏而变成任何神奇的形状。金属塑性加工在成型的同时，能改善材料的组织结构和性能，用塑性成型工艺制造的金属零件，其晶粒组织较细，没有铸件那样的内部缺陷，其力学性能优于相同材料的铸件。所以，一些要求强度高、抗冲击、耐疲劳的重要零件，多采用塑性成型工艺来制造。但与铸造成型工艺相比，塑性成型工艺一般较难以获得形状复杂，特别是一些带复杂内腔的零件，不宜于加工脆性材料或形状复杂的制品，适于专业化大规模生产。金属塑性加工按加工方式分为锻造、轧制、挤压、拔制和冲压加工。随着生产技术的发展，综合性的金属塑性加工应用越来越广泛。

1）锻造

锻造又称锻压，是利用锻锤或压力设备上的模具对加热的金属坯料施力，使金属材料在不分离条件下产生塑性变形，以获得形状、尺寸和性能符合要求的零件。锻造是常用的塑性加工方法，锻造过程不仅可以满足所需工件的成型要求，也可以显著改善金属的组织结构，使工件组织致密，强度增强。为了使金属材料在高塑性下成型，通常锻造是在热态下进行，因此锻造也称为热锻。锻造按是否使用模具又分为自由锻和模锻（图2-74）。

(a) 锻造示意图　　　　　　　　　　　(b) 锻造过程

(c) 锻件

图2-74　锻造

2）轧制

轧制是利用两个旋转轧辊的压力使金属坯料通过一个特定空间产生塑性变形，以获得所要求的截面形状并同时改变其组织性能。通过轧制可将钢坯加工成不同截面形状的原材料，如圆钢、方钢、角钢、T字钢、工字钢、槽钢、Z字钢、钢轨等。按轧制方式分为横轧、纵轧和斜轧；按轧制温度分为热轧和冷轧（图2-75）。

3）挤压

挤压是一种生产率高、少或无切削加工的新工艺，将金属坯料放入挤压筒内，用强大的压力使

(a) 轧制示意图　　　　　　　　(b) 轧制过程

(c) 各种轧制件

图 2–75　轧制

坯料从模孔中挤出从而获得符合模孔截面的坯料或零件。挤压件尺寸精确，表面光洁，可制作薄壁、深孔、异形截面等复杂形状，一般不需切削加工，节约了大量金属材料和加工工时。此外，由于挤压过程的加工硬化作用，零件的强度、硬度、耐疲劳性能都有相对提高，有利于改善金属的塑性。适合于挤压加工的材料主要有低碳钢、有色金属及其合金。通过挤压可以得到多种截面形状的型材或零件（图 2-76）。

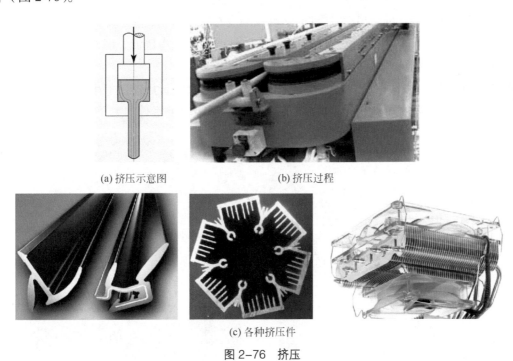

(a) 挤压示意图　　　　　　　　(b) 挤压过程

(c) 各种挤压件

图 2–76　挤压

4）拔制

拔制是金属塑性加工方法之一，利用拉力使大截面的金属坯料强行穿过一定形状的模孔，以获得所需断面形状和尺寸的小截面毛坯或制品。拔制生产主要用来制造各种细线材、薄壁管及各种特殊几何形状的型材。拔制产品尺寸精确、表面光滑并具有一定力学性能。拔制成型多用来生产管材、棒材、线材和异型材等。低碳钢及多数有色金属及合金都可采用拔制成型（图 2-77）。

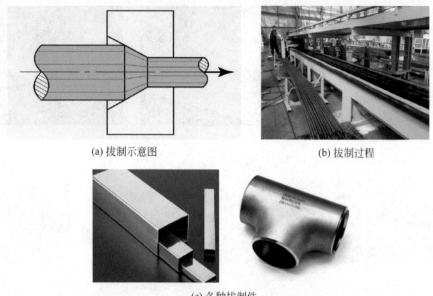

(a) 拔制示意图　　　　　　　　　　　　(b) 拔制过程

(c) 各种拔制件

图 2-77　拔制

5）冲压

冲压又称板料冲压，是一种在压力作用下利用模具使金属板料分离或产生塑性变形，以获得所需工件的工艺方法。按冲压加工温度分为热冲压和冷冲压，前者在高温下进行，适合变形抗力高、塑性较差的板料加工；后者则在室温下进行，是薄板常用的冲压方法。冷冲压可以制出形状复杂、质量较小而刚度好的薄壁件。其表面品质好，尺寸精度满足一般互换性要求，而不必再经切削加工。由于冷变形后产生加工硬化的结果，冲压件的强度和刚度有所提高。冷冲压易于实现机械化与自动化，生产率高，成品合格率与材料利用率均高，所以冲压件的制造成本较低。但冲压模具费用高，因此冲压件只适于成批或大量生产。

冲压广泛用于汽车、飞机、电机、电器、仪表、玩具与生活日用器皿等生产领域。但薄壁冲压件的刚度略低，因此冲压并不适用于对形状、位置精度要求较高的零件加工（图 2-78）。

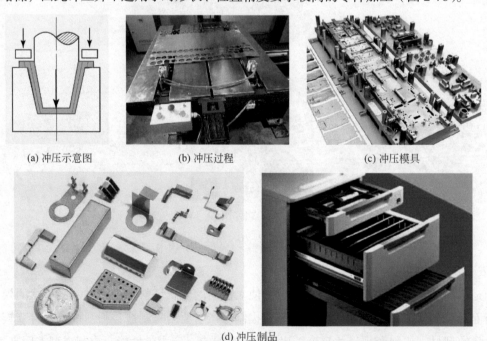

(a) 冲压示意图　　　　(b) 冲压过程　　　　(c) 冲压模具

(d) 冲压制品

图 2-78　冲压

3．切削加工

切削加工又称冷加工，是利用切削刀具在切削机床上（或用手工）将金属工件的多余部分切去，以达到规定的形状、尺寸和表面质感的工艺过程。按加工方式分为车削、铣削、刨削、磨削、钻削、镗削及钳工等。切削加工是最常见的金属加工方法之一（图 2-79～图 2-81）。

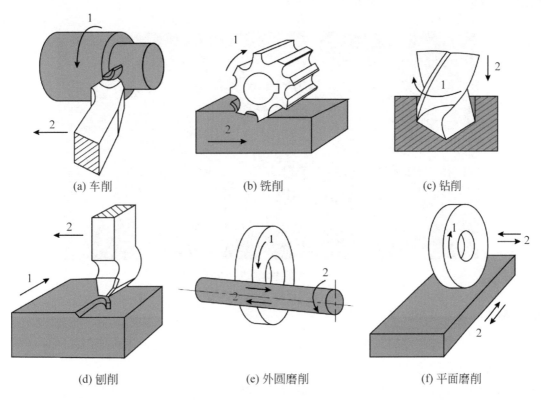

| (a) 车削 | (b) 铣削 | (c) 钻削 |
| (d) 刨削 | (e) 外圆磨削 | (f) 平面磨削 |

图 2-79　各种切削加工示意图

图 2-80　切削加工过程

 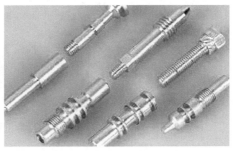

图 2-81　切削件

4．焊接加工

焊接加工是金属加工的一种辅助手段，它充分利用金属材料在高温作用下易熔化的特性，使金属与金属发生永久连接。焊接加工具有灵活性高、能以小拼大、材料利用率高、工序简单等特点。焊接加工一般不需重型与专用设备，工艺准备和生产周期短且产品的改型较方便。经过焊接加工形成的焊件不仅强度与刚度好，且质量小（图2-82）。

图 2-82　鸟巢的主体框架采用焊接加工

2.2.3.2　塑料的加工成型工艺

塑料的加工成型过程即塑料制品的生产过程，是使塑料成为具有使用价值制品的重要环节，也是一个非常关键且复杂的过程。

塑料制件的加工成型过程为：预处理→成型→机械加工→表面处理→装配（连接）。本节我们重点介绍塑料制件的成型。

塑料成型是将不同形态（粉状、粒状、溶液或分散体）的塑料原料按不同方式制成所需形状的坯件，是塑料制品生产的关键环节。塑料成型的方法多达三十几种，方法的选择取决于塑料的类型（热塑性或热固性）、特性、起始状态及制成品的结构、尺寸和形状等。

加工热塑性塑料常用的方法有注射、挤出、压延、吹塑和热成型等，加工热固性塑料一般采用模压、传递模塑，也可用注射成型。在这些方法中，以挤出和注射成型用得最多，也是最基本的成型方法（图2-83）。

图 2-83　常见塑料制品

1）注射成型

注射成型，也称为注塑成型，是利用注射机将熔化的塑料快速注入模具中，并固化得到各种塑料制品的方法。几乎所有的热塑性塑料（氟塑料除外）均可采用此法，也可用于某些热固性塑料的成型。注射成型占塑料件生产的 30% 左右，它具有能一次成型形状复杂件、尺寸精确、生产率高等优点，但设备和模具费用较高，主要用于大批量塑料件的生产（图 2-84、图 2-85）。

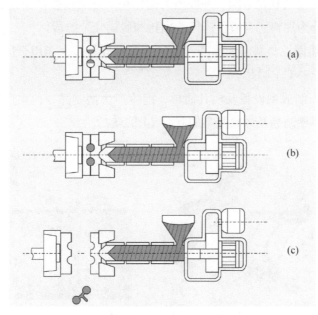

图 2-84　注塑成型过程

图 2-85　注塑成型产品——有机儿童饮料瓶

2）挤出成型

挤出成型是利用螺杆旋转加压方式，连续地将塑化好的塑料挤进模具，通过一定形状的口模，得到与口模形状相适应的塑料型材的工艺方法。挤出成型制品占塑料制品的 30% 左右，主要用于截面一定、长度大的各种塑料型材，如塑料管、板、棒、片、带材和截面复杂的异型材。它的特点是能连续成型、生产率高、模具结构简单、成本低、组织紧密等。除氟塑料外，几乎所有的热塑性塑料都能挤出成型，部分热固性塑料也可挤出成型（图 2-86）。

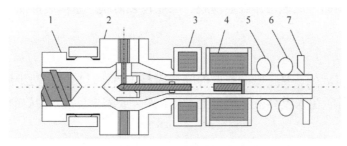

图 2-86　挤出成型原理示意图

1—挤出机料筒；2—机头；3—定径装置；4—冷却装置；5—牵引装置；6—塑件；7—切割装置

3）压制成型

压制成型又称压缩成型、压塑成型、模压成型等，是将固态的粒料或预制的片料加入模具中，通过加热和加压的方法，使其软化熔融，并在压力的作用下充满模腔，固化后得到塑料制件的方法。一般压制成型过程可以分为加料、合模、排气、固化和脱模几个阶段。

压制成型主要用于热固性塑料，如酚醛、环氧、有机硅等，也能用于压制热塑性塑料，如聚四氟乙烯制品和聚氯乙烯（PVC）唱片。

与注射成型相比，压制成型设备及模具简单，能生产大型制品，但生产周期长、效率低，较难实现自动化，难以生产厚壁制品及形状复杂的制品（图 2-87）。

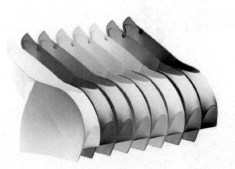

图 2-87　压制成型——随想椅

4）其他成型技术

（1）吹塑成型

吹塑成型是借助压缩空气使空心塑料型坯吹胀变形，并经冷却定型后获得塑料制件的加工方法，主要包括中空吹塑成型和薄膜吹塑成型两种方法。其中，中空吹塑应用最为广泛。将具有一定温度的挤出或注射的管状型坯置于对开吹塑模中，合上模具，通过吹管吹入压缩空气，将型坯吹胀后使之紧贴模壁，经保压、冷却定型后开模取出中空制件。

与注塑成型相比，吹塑成型设备造价较低，适应性较强，可成型性能好（如低应力），可成型具有复杂起伏曲线形状的制品（图 2-88）。

图 2-88　吹塑成型的塑料制品

（2）压延成型

压延成型是生产塑料薄膜和片材的主要方法。它是将已经塑化好的接近黏流温度的热塑性塑料通过一系列相向旋转的水平辊筒间隙，使物料承受挤压和延展，而使其成为规定尺寸的连续片状制品的成型方法。压延制品广泛地用作农业薄膜、工业包装薄膜、室内装饰品、地板、录音唱片基材以及热成型片材等。

（3）浇铸成型

浇铸成型又称铸塑成型，是将已准备好的浇铸原料（通常是单体、初步聚合或缩聚的预聚体或聚合物、单体的溶液等）注入模具中使其固化（完成聚合或缩聚反应），从而得到与模具型腔相似的制品。

铸塑的特点是所用设备较简单，成型时一般不需要加压设备，对模具强度的要求也较低。铸塑对制品尺寸的限制较少，宜生产小批量的大型制品。制品的内应力较低，质量良好，缺点是成型周期长，制品尺寸的精确性较差等。

铸塑成型应用广泛，如以透明塑料铸塑来保存生物或医学标本、工艺美术品和精密电子元器件，用离心浇铸法生产管状物、中空制品和齿轮、轴承，用搪塑生产玩具和中空软质制品，以及用滚塑生产大型容器等（图2-89）。

图2-89 浇铸成型产品——女士包

2.2.3.3 木材、玻璃与陶瓷的加工成型工艺

1．木材加工成型工艺

木材是一种优良的造型材料，自古以来一直被广泛利用，其自然、朴素的特性令人产生亲切感，被认为是最富于人性特征的材料。在新材料层出不穷的今天，木材在设计应用中仍占有十分重要的地位。

木材的加工工艺既保留了传统精华又融合了现代加工技术。其主要工艺包括木材切削、木材干燥、木材胶合、木材表面装饰等基本技术，以及木材保护、木材改性等功能处理技术。

1）工艺流程

虽然不同种类、不同用途的木材应用的具体加工工艺不同，但木材加工的基本流程相对固定，其中最常用的流程如下。

（1）配料：配料就是按照木制品的质量要求，将各种不同树种、不同规格的木材锯割成符合制品规格的毛料，即基本构件。

（2）基准面的加工：为了构件获得正确的形状、尺寸和粗糙度的表面，并保证后续工序定位准确，必须对毛料进行基准面的加工，作为后续工序加工的尺寸基准。

（3）相对面的加工：基准面完成后，以基准面为基准加工出其他几个表面。

（4）划线：划线是保证产品质量的关键工序，它决定了构件上榫头、榫眼及圆孔等的位置和尺寸，直接影响到配合的精度和结合的强度。

（5）榫头、榫眼及型面的加工：榫结合是木制品结构中最常用的结合方式，因此，开榫、打眼工序是构件加工的主要工序，其加工质量直接影响产品的强度和使用质量。

（6）表面修整：构件的表面修整加工应根据表面的质量要求来决定。外露的构件表面要精确修整，内部用料可不作修整。

图2-90为Benjamin Hubert设计的一张"最轻的木制桌"，名为Ripple，使用加拿大Corelam公司的航空胶合板技术（曾经用来制造著名的Spruce Goose水上飞机），最终成品2.5m长的餐桌边缘厚度3.5mm，重量仅9kg（餐桌重量一般在58kg），一个女生都可以轻易举起。

图 2-90　最轻的木制桌

2）木材成型加工方法

（1）锯割

锯割是木材成型加工中用得最多的一种操作。按设计要求将尺寸较大的原木、板材或方材等，沿纵向、横向或按任一曲线进行开锯、分解、开榫、锯肩、截断、下料时，都要运用锯割加工。

（2）刨削

刨削也是木材加工的主要工艺方法之一。木材经锯割后的表面一般较粗糙且不平整，因此必须进行刨削加工。木材经刨削加工后，可以获得尺寸和形状准确、表面平整光洁的构件。

（3）凿削

木制品构件间结合的基本形式是框架榫孔结构。因此，榫孔的凿削是木制品成型加工的基本操作之一。

（4）铣削

木制品中的各种曲线零件，制作工艺比较复杂，木工铣削机床是一种"万能设备"，既可用来进行截口、起线、开榫、开槽等直线成型表面加工和平面加工，又可用于曲线外形加工，是木材制品成型加工中不可缺少的设备之一（图 2-91）。

(a) 锯割　　　　　　　(b) 刨削　　　　　　　(c) 凿削　　　　　　　(d) 铣削

图 2-91　常见木材加工成型方法

利用激光雕刻技术，可以加工造型复杂，精细度要求高的木制产品（图2-92）。

3）木材的装配

木制品构件间的结合方式，常见的有榫结合、胶结合、螺钉结合、圆钉结合、金属或硬质塑料联结件结合，以及混合结合等。采取不同的结合方式对制品的美观和强度、加工过程和成本，均有很大的影响。

（1）榫结合

榫结合是木制品中应用广泛的传统结合方式，它主要依靠榫头四壁与榫孔相吻合来达到装配目的。根据结合部位的尺寸、位置以及构件在结构中的作用不同，榫头有各种形式（图2-93）。榫

图2-92 木材制的激光雕刻

根据木制品结构的需要有明榫和暗榫之分。榫结合的优点是传力明确、构造简单、结构外露、便于检查。

图2-93 各种榫头形式

（2）胶结合

胶结合也是木制品常用的一种结合方式，主要用于实木板的拼接及榫头和榫孔的胶合。其特点是制作简便、结构牢固、外形美观。

最常用的胶液是聚醋酸乙烯酯乳胶液，俗称乳白胶。它的优点是使用方便，具有良好和安全的操作性能，不易燃，无腐蚀性，对人体无刺激作用，在常温下固化快，无须加热，并可得到较好的干状胶合强度，固化后的胶层无色透明，不污染木材表面。但成本较高，耐水性、耐热性差，易吸湿，在长时间静载荷作用下胶层会出现蠕变，只适用于室内木制品（图2-94）。

图2-94 胶结合椅子

（3）螺钉与圆钉结合

螺钉与圆钉的结合强度取决于木材的硬度和钉的长度，并与木材的纹理有关。木材越硬，钉直径越大，长度越长，沿横纹结合，则强度越大；否则强度越小。操作时要合理确定钉的有效长度，并防止构件劈裂（图2-95）。

（4）板材拼接

木制品上较宽幅面的板材，一般都采用实木板拼接而成。采用实木板拼接时，为减少拼接后的翘曲变形，应尽可能选用材质相近的板料，用胶黏剂或既用胶黏剂又用榫、槽、钉等结构，拼接成具有一定强度的较宽幅面板材。可根据制品的结构要求、受力形式、所用胶黏剂种类，以及加工工艺条件等选择来进行具体的产品设计（图2-96）。

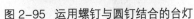

图2-95　运用螺钉与圆钉结合的台灯

图2-96　板材拼接

2．玻璃生产加工工艺

5000年前，人们就知道将石英和适当的氧化物溶剂一起熔化，制造传统的硅酸盐玻璃。即使在今天，几乎所有的工业玻璃仍是以硅酸盐成分为基础的。历经若干世纪的发展，尤其是20世纪以来，玻璃的生产技术获得了极其迅速的发展，多数玻璃制品的成型已达到机械化、半自动化或自动化，玻璃的科学研究也达到了很高的水平，玻璃制品制造业已成为一个重要的工业领域。

玻璃的成型工艺视制品的种类而异，但其过程基本上可分为配料、熔化和成型三个阶段，一般采用连续性的工艺过程（图2-97）。

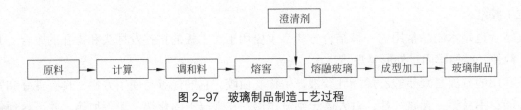

图2-97　玻璃制品制造工艺过程

1）配料

玻璃成型的主要原料有：

（1）石英砂：石英砂又称硅砂，其主要成分是二氧化硅（SiO_2），它是重要的玻璃形成氧化物，成为玻璃的骨架。

（2）硼酸、硼砂及含硼矿物：B_2O_3在玻璃中的作用是降低玻璃的膨胀系数，提高其热稳定性、化学稳定性和机械强度，增加玻璃的折射率，改善玻璃的光泽。

（3）长石、瓷土、蜡石：主要成分为Al_2O_3，能提高玻璃的化学稳定性、热稳定性、机械强度、硬度和折射率，减轻玻璃液对耐火材料的侵蚀，有助于氟化物的乳浊。

（4）纯碱、芒硝：主要成分是碱金属氧化物Na_2O。Na_2O是玻璃的良好助熔剂，可以降低玻璃黏度，使其易于熔融和成型。

（5）方解石、石灰石、白垩：主要成分为 CaO，CaO 在玻璃中主要用作稳定剂。

（6）硫酸钡、碳酸钡：主要成分是 BaO。含 BaO 的玻璃吸收辐射能力较强，常用于制作高级器皿玻璃、光学玻璃、防辐射玻璃等。

（7）铅化合物：PbO 能增加玻璃的密度，提高其折射率，使玻璃制品具有特殊的光泽和良好的电性能。

2）熔制

玻璃的熔制是指将配料经过高温熔融，形成均匀无气泡并符合成型要求的玻璃液的过程，从工艺角度而论，大致可以分为硅酸盐的形成、玻璃的形成、澄清、均化和冷却 5 个阶段。

3）成型

玻璃的成型是将熔融的玻璃液加工成具有一定形状和尺寸的玻璃制品的工艺过程。常见的玻璃成型方法有：压制成型、吹制成型、拉制成型和压延成型。

（1）压制成型

压制成型是在模具中加入玻璃熔料加压成型，多用于玻璃盘碟、玻璃砖（图 2-98）。

图 2-98 压制成型的玻璃制品

（2）吹制成型

吹制成型是先将玻璃黏料压制成雏形型块，再将压缩气体吹入处于热熔态的玻璃型块中，使之吹胀成为中空制品。吹制成型可分为机械吹制成型和人工吹制成型，用来制造瓶、罐、器皿、灯泡等（图 2-99）。

（3）拉制成型

拉制成型是利用机械拉引力将玻璃熔体制成制品，分为垂直拉制和水平拉制。主要用来生产平板玻璃、玻璃管、玻璃纤维等（图 2-100）。

图 2-99 吹制成型的玻璃制品　　　　　　　　图 2-100 拉制成型的玻璃管

（4）压延成型

压延成型是用金属辊将玻璃熔体压成板状制品，主要用来生产压花玻璃、夹丝玻璃等。该成型分为平面压延与辊间压延成型（图 2-101）。

(a) 压花玻璃

(b) 夹丝玻璃

图 2-101　压延成型的玻璃制品

4）玻璃的热处理

玻璃制品成型后，一般都要经过热处理，来保证制品的强度、热稳定性和光学性质的均匀，一般包括退火和淬火两种工艺。

退火就是消除或减小玻璃制品中的热应力的热处理过程。对光学玻璃和某些特种玻璃制品，通过退火可使内部结构均匀，以达到要求的光学性能。

淬火可以使玻璃表面形成一个有规律、均匀分布的压力层，以提高玻璃制品的机械强度和热稳定性。

5）玻璃制品的二次加工

成型后的玻璃制品，除极少数能直接符合要求外（如瓶罐等），大多数还需进一步加工，以得到符合要求的制品。二次加工可以改善玻璃制品的表面性质、外观质量和外观效果。玻璃制品的二次加工可分为冷加工、热加工和表面处理三大类（图 2-102）。

(a) 玻璃彩绘　　　　(b) 玻璃蚀刻

图 2-102　经过二次加工的玻璃制品

（1）玻璃制品的冷加工

冷加工是指在常温下通过机械方法来改变玻璃制品的外形和表面状态所进行的工艺过程。冷加工的基本方法包括研磨、抛光、切割、喷砂、钻孔和车刻等。

（2）玻璃制品的热加工

很多形状复杂和要求特殊的玻璃制品，需要通过热加工进行最后成型。热加工还可用来改善制品的性能和外观质量。热加工的方法主要有：火焰切割、火抛光、钻孔、锋利边缘的烧口等。

（3）玻璃制品的表面处理

表面处理包括玻璃制品光滑面与散光面的形成（如器皿玻璃的化学刻蚀、灯泡的毛蚀、玻璃化学抛光等）、表面着色和表面涂层（如镜子镀银、表面导电）等。本书第 5 章将会对表面处理进行详细介绍。

3．陶瓷生产加工工艺

1）陶瓷的生产

陶瓷产品的生产过程是指从投入原料开始，一直到把陶瓷产品生产出来为止的全过程。这一过程所需的工艺就是以相图和高温物理化学为理论基础的矿物合成工艺。主要步骤为原料配制、坯料成型和窑炉烧结等。

（1）原料配制

陶瓷生产的最基本原料是石英、长石、黏土三大类和其他一些化工原料。原料在一定程度上决定着产品的质量和工艺流程、工艺条件的选择。

（2）坯料成型

把准备好的原材料加工成一定形状和尺寸的半成品即为胚料成型。根据坯料（可塑泥料、粉料、浆料）的不同，成型的方法主要三种：可塑法成型、注浆法成型、干压法成型。

①可塑成型

利用泥料的可塑性，将泥料塑造成各种形状的坯体。日用陶瓷的基本方法有：旋坯、挤压、拉坯、印坯、滚坯、滚压等。

旋坯成型，是将泥料掼于旋坯机上旋转着的石膏模中，再利用样板刀的挤压和刮削作用成型的方法。

挤压成型，是将真空炼制泥料放入挤压机中，用螺杆施加压力，把泥料挤出口模成型的方法。

拉坯成型，也称手工拉坯，是在转动的转台上完成的。要求坯泥既有韧性又能自由延展。

雕塑和印坯，基本靠手工完成，生产效率相对较低。

②注浆法成型

把制备好的陶瓷泥浆注入多孔性模型内，由于多孔性模型的吸水性，贴近模壁的泥浆先干，当泥层厚度达到要求时，把剩余泥浆倒出，从而得到模型的方法。

③干压法成型

将配料（水分含量在7%以下）拌匀并在较高的压力下压制成型。经干压法成型的制品尺寸准确，机械强度高。

（3）坯体干燥

坯体中水分排除的过程。坯体经干燥后强度得到提高，有利于搬运、装窑和烧成，水分减少还能防止在烧成初期升温时因坯体水分大量排放而造成废品。坯体经干燥后留有2%左右的残余水分即可。过分干燥的坯体边角会有松脆现象，搬运时容易产生废品。坯体干燥方法包括自然空气干燥、热空气干燥、辐射线干燥、微波干燥等。

（4）坯体装饰

坯体装饰是指坯体上不施加任何釉体，单纯依靠泥料本色，在坯体上进行适当处理，如刻画、戳印、堆雕、刮毛、镂空等（图2-103）。

图2-103 局部或整体采用坯体装饰的瓷器

（5）上釉

釉是一种硅酸质材料，附着于陶瓷坯体表面的一种连续的玻璃质层，或者是一种玻璃体与晶体

产品设计工程基础

的混合层，具有与玻璃相似的某些物理和化学性质。釉主要对陶瓷起到保护和装饰作用。将调好的釉浆附在陶瓷表面的过程叫做上釉（图 2-104）。

图 2-104　上釉瓷器

（6）窑炉烧结

烧结也称烧成，是将瓷器半成品经高温焙烧，使其发生物理化学变化，最终达到瓷化状态的过程。不同瓷器的烧制温度略有差异，一般在 1100 ～ 1300℃。烧结过程大致分为 4 步：低温蒸发（＜ 300℃），氧化分解和晶体转化（300 ～ 950℃），玻化成瓷和保温（＞ 950℃），冷却定型。

2）陶瓷的加工

陶瓷材料，由于其特殊的物理机械性能，最初只能采用磨削方法进行加工。随着机械加工技术的发展，目前已可采用类似金属加工的多种工艺来加工陶瓷材料。目前常用的加工方式如下：

（1）磨料加工：研磨加工、抛光加工、砂带加工、滚筒加工、超声加工、喷丸加工、黏弹性流动加工。

（2）塑性加工：金刚石塑性加工、金刚石塑性磨削。

（3）化学加工：蚀刻、化学研磨、化学抛光。

（4）电加工：电火花加工、电子束加工、离子束加工、等离子体加工。

（5）复合加工：光刻加工、ELID 磨削、超声波磨削、超声波研磨、超声波电火花加工。

（6）光学加工：激光加工（图 2-105）。

图 2-105　黏土炼制的陶瓷艺术品

2.2.3.4　快速成型及数控技术

1. 快速成型技术

1）快速成型技术简介

快速成型（RP）技术，又称快速原型制造（RPM）技术，利用三维 CAD 数据，通过快速成型机，将一层层的材料堆积成实体原型。它集机械工程、CAD、逆向工程技术、分层制造技术、数控技术、材料科学、激光技术于一身，可以自动、直接、快速、精确地将设计思想转变为具有一定功能的原型或直接制造零件，从而为零件原型制作、新设计思想的校验等方面提供了一种高效低成本的实现手段。

快速成型技术诞生于 20 世纪 80 年代后期，是基于材料堆积法的一种高新制造技术，被认为是 20 多年来制造领域的一个重大成果（图 2-106、图 2-107）。

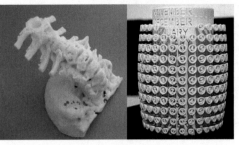

图 2-106 快速成型技术新宠——
　　　　　3D 打印机

图 2-107　3D 打印机制造的精细化模型

2）基本原理

快速成型技术是在计算机控制下，基于离散、堆积的原理采用不同方法堆积材料，最终完成零件的成型与制造的技术。

一般从成型角度及制造角度两个方面分析快速成型技术的基本原理。

从成型角度看，零件可视为"点"或"面"的叠加。从 CAD 电子模型中离散得到"点"或"面"的几何信息，再与成型工艺参数信息结合，控制材料有规律、精确地由点到面，由面到体地堆积零件。

从制造角度看，它根据 CAD 造型生成零件三维几何信息，控制多维系统，通过激光束或其他方法将材料逐层堆积而形成原型或零件。

3）快速成型技术的特点

快速成型技术有许多优质的特性，其中最重要的特性如下：

（1）制造原型所用的材料不限，各种金属和非金属材料均可使用；

（2）原型的复制性、互换性高；

（3）制造工艺与制造原型的几何形状无关，在加工复杂曲面时更显优越；

（4）加工周期短，成本低，成本与产品复杂程度无关，一般制造费用降低 50%，加工周期节约 70% 以上；

（5）高度技术集成，可实现设计制造一体化。

4）工艺过程

快速成型的基本工艺过程是，首先利用三维造型软件创建三维实体造型，再将设计出的实体造型通过快速成型设备的处理软件进行离散与分层，然后将处理过的数据输入设备进行制造，最后进行一定的后处理以得到最终的成品（图 2-108）。

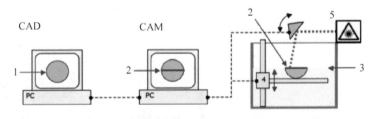

图 2-108　快速成型过程示意图（使用 SLA 工艺）

1—在计算机中创建的实体造型；2—实体造型中的一层；3—通过聚合反应生成的一层实体；4—平台；5—激光器

（1）实体造型的构建：使用快速成型技术的前提是拥有相应模型的 CAD 数据，这可以利用计算机辅助设计软件如 Pro/E、SolidWorks、Unigraphics、AutoCAD 等创建，或者通过其他方式如激光扫描、计算机断层扫描，得到点云数据后，也可创建相应的三维实体造型。

（2）实体造型的离散处理：由于实体造型往往有一些不规则的自由曲面，加工前要对模型进行近似处理，比如曲线是无法完全实现的，实际制造时需要近似为极细小的直线段来模拟，以便后续的数据处理工作。由于STL格式简单实用，目前已经成为快速成型领域的最常用的文件标准，用以和设备进行对接。它将复杂的模型用一系列的微小三角形平面来近似模拟，每个小三角形用3个顶点坐标和一个法矢量来描述，三角形大小的选择则决定了这种模拟的精度。

（3）实体造型的分层处理：需要依据被加工模型的特征选择合适的加工方向，比如应当将较大面积的部分放在下方。随后成型高度方向上用一系列固定间隔的平面切割被离散过的模型，以便提取截面的轮廓信息。间隔可以小至亚毫米级，间隔越小，成型精度越高，但成型时间也越长。

（4）成型加工：根据切片处理的截面轮廓，在计算机控制下，相应的成型头（根据设备的不同，分别为激光头或喷头等）进行扫描，在工作台上一层一层地堆积材料，然后将各层黏结（根据工艺不同，有各自的物理或者化学过程），最终得到原型产品。

（5）成型零件的后处理：对于实体中上大下小的部分，一般会设计多余的部分去支撑，然后再把这些废料去除。另外还可能需要进行打磨、抛光、涂上油漆，或在高温炉中烧结以提高强度。

5）实际应用

不断提高RP技术的应用水平是推动RP技术发展的重要方面。目前，快速成型技术已在工业造型、机械制造、航空航天、军事、建筑、影视、家电、轻工、医学、考古、文化艺术、雕刻、首饰等领域得到了广泛应用。并且随着这一技术本身的发展，其应用领域将不断拓展。RP技术的实际应用主要集中在以下几个方面。

（1）新产品造型设计：快速成型技术为工业产品的设计开发人员建立了一种崭新的产品开发模式。运用RP技术能够快速、直接、精确地将设计思想转化为具有一定功能的实物模型（样件），这不仅缩短了开发周期，而且降低了开发费用，也使企业在激烈的市场竞争中占有先机。

（2）机械制造领域：由于RP技术自身的特点，使得其在机械制造领域内获得了广泛的应用，多用于制造单件、小批量金属零件。此外，有些特殊复杂制件，由于只需单件生产，或少于50件的小批量，一般均可用RP技术直接进行成型，成本低，周期短。

（3）模具制造：传统的模具生产时间长，成本高。将快速成型技术与传统的模具制造技术相结合，可以大大缩短模具制造的开发周期，提高生产率，是解决模具设计与制造薄弱环节的有效途径。快速成型技术在模具制造方面的应用可分为直接制模和间接制模两种，直接制模是指采用RP技术直接堆积制造出模具，间接制模是先制出快速成型零件，再由零件复制得到所需要的模具。

（4）医学领域：近几年来，人们对RP技术在医学领域的应用研究较多。以医学影像数据为基础，利用RP技术制作人体器官模型，对外科手术有极大的应用价值（图2-109）。

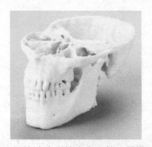 

(a) 应用快速成型技术生产的头骨模型　　　(b) 光敏树脂激光快速成型生产的假肢

图2-109　快速成型技术在医学领域的应用

（5）文化艺术领域:在文化艺术领域,快速成型制造技术多用于艺术创作、文物复制、数字雕塑等。

（6）航空航天技术领域: 空气动力学地面模拟实验（即风洞实验）是设计性能先进的天地往返系统（即航天飞机）所必不可少的重要环节。该实验中所用的模型形状复杂、精度要求高, 又具有流线型特性, 采用 RP 技术, 根据 CAD 模型, 由 RP 设备自动完成实体模型, 能够很好地保证模型质量。

（7）家电行业:目前, 快速成型系统在国内家电行业上得到了很大程度的普及与应用, 使许多家电企业走在了国内前列。如广东美的、华宝、科龙, 江苏春兰、小天鹅, 青岛海尔等, 都先后采用快速成型系统来开发新产品, 收到了很好的效果。

随着快速成型制造技术的不断成熟和完善,它将会在越来越多的领域得到推广和应用(图 2-110)。

图 2-110　应用 RP 快速成型技术设计的表现数理美的壁灯——Dehlia

6）快速成型技术的发展趋势

从目前 RP 技术的研究和应用现状来看, 快速成型技术的进一步研究和开发工作主要有以下几个方面:

（1）开发性能好的快速成型材料,如成本低、易成型、变形小、强度高、耐久及无污染的成型材料。

（2）提高 RP 系统的加工速度和开拓并行制造的工艺方法。

（3）改善快速成型系统的可靠性, 提高其生产率和制作大件能力, 优化设备结构, 尤其是提高成型件的精度、表面质量、力学和物理性能, 为进一步进行模具加工和功能实验提供基础。

（4）开发快速成型的高性能 RPM 软件。提高数据处理速度和精度, 研究开发利用 CAD 原始数据直接切片的方法, 减少由 STL 格式转换和切片处理过程所产生精度损失。

（5）开发新的成型能源。

（6）快速成型方法和工艺的改进和创新。直接金属成型技术将会成为今后研究与应用的又一个热点。

（7）进行快速成型技术与 CAD、CAE、RT、CAPP、CAM 以及高精度自动测量、逆向工程的集成研究。

（8）提高网络化服务的研究力度, 实现远程控制。

2. 数控技术

1）数控技术简介

数控技术,即采用数字控制的方法对某一工作过程实现自动控制的技术。它所控制的通常是位置、角度、速度等机械量和与机械能量流向有关的开关量。数控的产生依赖于数据载体和二进制形式数据运算的出现。

数控装备是以数控技术为代表的新技术对传统制造产业和新兴制造业的渗透形成的机电一体化产品,即所谓的数字化装备,其技术范围覆盖很多领域,包括机械制造技术,信息处理、加工、传输技术,自动控制技术，伺服驱动技术，传感器技术和软件技术等（图 2-111、图 2-112）。

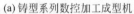

(a) 铸型系列数控加工成型机　　　　　(b) 金属切削机

图 2-111　数控装备

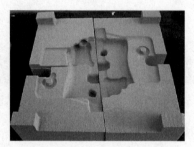

图 2-112　汽车发动机缸盖组合砂型（无模制造）

图 2-112 所示单块砂型尺寸为 164mm×159mm×121mm，若采用激光烧结快速成型方式，仅加工上下铸型模块一套需要 17h，烘干固化还需 10 h。然而，采用铸型数字化加工，一次加工上、下模型，仅需 8 h。

2）数控技术的发展阶段

数控技术近几十年的发展主要分为两个阶段。

第一阶段，硬件数控（NC）时代。这个时代从硬件发展上来讲，主要从 1952 年的电子管到 1959 年晶体管分离元件，再到 1965 年的小规模集成电路。

第二阶段，软件数控（CNC）时代。这个时代主要从 1970 年的小型计算机到 1974 年的微处理器，再到 1990 年基于个人的 PC 机。

3）数控技术的发展趋势

目前世界上数控技术及其装备的发展趋势主要有以下方面：

（1）性能发展趋势

①高速、高精、高效化。最大限度地发挥群控系统的效能，以减少工序、辅助时间为主要目的的复合加工，正朝着多轴、多系列控制功能方向发展。

②工艺复合化。当代实时系统和人工智能相互结合，人工智能正向着具有实时响应的、更现实的领域发展，而实时系统也朝着具有智能行为的、更加复杂的应用发展。

③实时智能控制化。在数控技术领域，实时智能控制的研究和应用正沿着几个主要分支发展：自适应控制、模糊控制、神经网络控制、专家控制、学习控制、前反馈控制等。

（2）功能发展趋势

用户界面是数控系统与使用者之间的对话接口，由于不同用户对界面的要求不同，因而开发用户界面的工作量极大。数控计算可视化的发展，可用于高效处理数据和解释数据，使信息交流不再局限于用文字和语言表达，而可以直接使用图形、图像、动画等可视信息。

可视化技术与虚拟环境技术相结合，进一步拓宽了应用领域，如无图纸设计、虚拟样机技术等，这对缩短产品设计周期、提高产品质量、降低产品成本具有重要意义。

插补和补偿方式多样化，不再局限于单一的插补方式，满足复杂零件的加工工艺。多媒体技术应用化，多媒体技术集计算机、声像和通信技术于一体，使计算机具有综合处理声音、文字、图像和视频信息的能力，多媒体技术可以做到信息处理综合化、智能化，在实时监控系统和生产现场设备的故障诊断、生产过程参数监测等方面有着客观的意义。

（3）体系结构的发展趋势

应用先进封装和互联技术，将半导体和表面安装技术融为一体，通过提高集成电路密度、减少互连长度和数量，来降低产品价格、改进性能、减小组件尺寸、提高系统的可靠性。

加工过程中采用开放式通用型实时动态全闭环控制模式，易于将计算机实时智能技术、网络技术、多媒体技术、CAD/CAM、伺服控制等高新技术融于一体，构成严密的制造过程闭环控制体系，从而实现集成化、网络化、无人化。

数控技术的应用不但给传统制造业带来了革命性的变化，使制造业成为工业化的象征，而且随着数控技术的不断发展和应用领域的扩大，它对国计民生的一些重要行业（IT、汽车、轻工、医疗等）的发展起着越来越重要的作用，因为这些行业所需装备的数字化已是现代工业发展的大趋势。

2.3　喜新厌旧——新型材料的体验与运用

新型材料，也称新材料，是指新近发展的或正在研发的、性能超群的材料，具有比传统材料更为优异的性能。依赖新材料技术，按照人的意志，通过物理研究、材料设计、材料加工、试验评价等一系列研究过程，最终才能创造出能满足各种需要的新型材料。

新材料作为高新技术的基础和先导，应用范围极其广泛，它同信息技术、生物技术一起成为21世纪最重要和最具发展潜力的领域。目前，一般按应用领域和当今的研究热点把新材料分为电子信息材料、新能源材料、纳米材料、先进复合材料、先进陶瓷材料、生态环境材料、新型功能材料（含高温超导材料、磁性材料、金刚石薄膜、功能高分子材料等）、生物医用材料、高性能结构材料、智能材料、新型建筑及化工新材料等。

贮氢合金（储氢合金），利于吸收、储存和释放氢气的合金。

形状记忆合金，一种具有形状记忆效应的新型功能材料。形状记忆合金在发生了塑性变形后，经过合适的热过程，能够恢复到变形前的形状（图2-113）。

(a) 加温前　　　　　　　　　　　　(b) 加温后

图2-113　记忆合金制成的勺子

光学纤维，由玻璃、石英或塑料等透明材料制成核芯，外面有低折射率的透明包皮。光线在纤维内作连续的全反射，使光以最低的损耗从纤维一端传输到另一端（图 2-114）。

(a) Kurage 3纤维灯　　　　　　(b) 劳斯莱斯轿车幻影星空顶棚

图 2-114　光学纤维制品

压电陶瓷，一种能够将机械能和电能互相转换的功能陶瓷材料（图 2-115）。

图 2-115　压电陶瓷制品

高分子分离膜，由聚合物或高分子复合材料制得的具有分离气体或液体混合物功能的薄膜，已经广泛应用的有离子交换膜、反渗透膜、气体分离膜、透过蒸发膜等。

身赋奇能的新材料有着十分广阔的发展和应用前景。纳米技术在工业、农业、能源、环保、医疗、国家安全等各个方面都有广泛的应用，例如，洗衣机桶的表面上附加纳米尺度的氧化硅微粒和金属离子组合，就具有抑制细菌生长的功能；普通领带的表面经过纳米方法处理后会有很强的自洁性能，不沾水、不沾油；陶瓷中加了纳米陶瓷粉就具有一定的韧性，如果用它制造发动机的缸体，汽车会跑得更快。

新材料还能制成各种高效的"绿色"能源。例如，新材料做成的锂电池有体积小、质量轻、能够多次充电、对环境污染小等特点，已经被广泛地用于移动通信、小型摄像机等设备；硅光电池能够把太阳能直接转换成电能，并且完全不会产生污染，广泛应用于人造卫星和照明；碳纳米材料在室温下能储存和凝聚大量的氢气，用于燃料电池以驱动汽车等，它为"清洁能源"——氢能的开发、利用提供了良好条件。

用数层纳米粒子包裹的智能药物进入人体后可立即搜索并攻击癌细胞或修补受伤组织；在人体器官表面涂上某些纳米粒子可防止器官移植后的排异反应；可以在微小尺度里重新排列遗传密码，人类可以利用基因芯片迅速查出自己基因密码中的错误，并迅速利用纳米技术进行修正，使人类消灭各种遗传缺陷的理想得以真正实现；可以制造出细胞内工作的机器人，在血液和细胞中工作，帮助人体清除垃圾和病兆，实现体内自健康循环。

运用纳米材料生产的轮胎不仅色彩鲜艳，性能也大大提高；纳米级的氧化锌用于橡胶制品，可防止老化，提高耐磨性、抗摩擦起火，用于高级轿车轮胎、飞机轮胎可提高安全系数；添加了纳米氧化锌的陶瓷釉面，具有不擦洗而自清洁的特性，在高层建筑和公路隧道中不便清洗的地方，这种自洁功能将格外受欢迎。有些纳米材料制成纤维布料，不仅可以杀菌、防臭，还可摆脱衣服静电现象。

　　总之，新材料提供给人类不同于以往任何经验的东西，新材料的发展将会给人类生活带来一场新的革命（表2-2）。

表2-2　新材料引发的新产品设计

新产品图示	新材料简介
	涂料式太阳能电池膜，可以涂敷在任何介质表面，如纸板上、纤维上等。这将为依靠太阳能电池作为动力支持的产品大大减负，并因此而改变其外观形式
	发光涂料，由英国公司 Pro-Teq Surfacing 研制。它可以应用在任何现有的表面，混凝土、柏油路、木材等。在白天会吸收紫外线的能量，在夜里释放能量，使粒子发光。这种发光涂料可以成为路灯照明的替代品
	Plustex 超软弹性材料。由此种材料制作的赤足软肤鞋（Skin Shoes）能够根据人的脚形来贴合，不会产生紧绷不适感，同时又不影响包裹性和透气性
	土壤替代品。以岩棉或椰子纤维作为土壤替代品从而创造出一套全新的水培植物系统（Plan Tree）。这套水培植物系统由各种培养槽和管道组成，使养分和水分通过每个植物的涓滴形成循环
	新型糖基生物材料。以可生物降解的糖为原料生产的灯罩（Roll），该材料可以部分或全部替代塑料材质
	可防水防火的纸板。该种纸板具有与 ABS 塑料相近的性能，以此材料制造的产品给人以全新的外观感受，从而引领新的审美体验和产品价值观

新产品图示	新 材 料 简 介
	可弯曲屏幕。这种 OLED 屏幕由于覆盖了一层特种涂层而具有"自我修复"功能，普通的划痕会在几分钟内自动消失
	复合材料。基于复合材料制造的飞机质量更轻，性能更强，可以大大提高飞机的节能、安全和舒适性
	环境亲和材料。借助智能技术，这一类新型环保材料能从雨水和空气中收集水分，然后从阳光中获得能量，而人类在其中生活所产生的废物，也可变成肥料，返回给大地，并且其内部的能源循环都是自给自足的

当前，随着产品轻量化诉求的不断升温，轻薄化的材料和材质也变得越来越有用武之地。

图 2-116　PC 加高玻纤材料制成的 LG Optimus Pad（G-Slate）平板电脑

1）玻纤增强尼龙与高玻纤 PC

玻纤增强尼龙，即在尼龙材料里加入玻璃纤维，可明显增加尼龙的拉伸强度和模量，力学性能、尺寸稳定性、耐热性、耐老化性能也都有明显提高，耐疲劳强度更是倍增 2.5 倍。使用偶联剂对玻纤材料进行表面处理，可使之更好地与树脂黏合。但由于价位偏高，所以玻纤增强尼龙正逐渐被 PC 加高玻纤材料（简称高玻纤 PC）所取代。

很多笔记本电脑和平板电脑正在导入 PC 加高玻纤材料，像 LG、帝人、沙伯（Sabic）等品牌（图 2-116）。

高玻纤 PC，即在 PC 塑料里加入玻璃纤维。PC 加玻纤后具有闪耀般的清透质感，还可呈现彩虹般的色彩和紧凑的外形尺寸，非常适用于住宅及商业照明、汽车、建筑照明、显示器和其他行业及一些新光学领域的产品制造。相比传统的玻璃、硅或金属材料，高玻纤 PC 可以减轻产品质量，增强美观性，实现更好的机械性能和较少的二次操作，所以便于更自由的产品设计创作和发挥。例如，透明的 LEXAN 聚碳酸酯（PC）闪光灯，可以提供更高的传输能力，实现更强大和更集中的 LED 光发射。此外，高玻纤 PC 除了清晰的视觉效果外，阻燃性极佳，光反射率高，还具有一定抗尘性能。

玻纤增强塑料和碳纤维一般具有较好的质感和表面光洁细腻度，有时，不用附加任何表面处理或很简单的表面处理（如表面打磨与抛光）即可达到使用要求。

2）碳纤维

碳纤维是一种具有很高强度和模量的耐高温纤维树脂复合材料，为化纤的高端品种。它质量超轻，强度超高，耐热性极好，热膨胀系数小，导热系数大，耐腐蚀性和导电性良好。同时，它又具有纤维般的柔曲性，可进行编织加工和缠绕成型。

图 2-117 碳纤维座椅

玻纤增强塑料和碳纤维材料都具有轻薄化的体征，由此设计出的产品也会呈现出别具特色的面貌。图 2-117 为来自比利时的艺术家和家具设计者 Peter Donders 的设计作品——公共座椅。该作品将碳纤维材料缠绕在实体塑料泡沫上制成，定型后去除泡沫，最后呈现出一种藤编的艺术效果，不过这可比藤椅要结实耐用多了。

碳纤维可采用气相氧化法、液相氧化法和电化学氧化法进行产品的表面处理。

3）一体成型

一体成型，指零件不做分割，直接铸造完成，是一种新型制造工艺和技术。通常是将吸塑好的 PC 外壳与泡沫材料放入成型机一次成型出产品，由于没有任何连接，产品的抗冲击性更强，对内部可以起到更好的安全保护作用。

诺基亚的 Lumina 900 和 HTC 的产品都应用这种工艺来制作手机外壳，即使轻薄的手机也不怕磕撞砸压了。

这种一体成型机壳的表面处理方法，一般为喷漆（图 2-118）。

4）六系列和七系列铝合金

Apple 公司的产品基本都是采用六系列铝合金制造。六系列铝合金铝挤料加工费用高，CNC 加工（数控铣加工）费用高，但外观效果好，可以保持产品外观的一体性，整体感强。而七系列铝合金还可以大大提高产品的防磕碰性，将会成为取代六系列铝合金的主打材料（图 2-119）。

图 2-118 采用一体成型技术的诺基亚 Lumina 900

图 2-119 使用六系列铝合金的苹果 MacBook 的外壳

铝合金材料的表面质量高，一般不作表面处理，或者利用刷光机或擦纹机，在其表面进行拉丝处理，形成直纹、乱纹、螺纹、波纹和旋纹等纹理效果，增加材料表面触感、丰富质感。

5）镁合金板材

镁合金，比铝合金还轻，延展性超好。镁合金板材的加工方法与一般的铝合金板加工法类似，需要加热才能延展和冲压。但镁合金容易氧化，外观处理较为困难，一般只能用喷涂法进行表面处理。因其用量少，价钱非常高，一般消费电子类产品中罕用，目前宝马6系列的车身正在试制研究镁合金车身（图 2-120）。

图 2-120　使用镁合金的 Importfest 宝马 6 系列

6）复合材料

在消费类产品设计中，纤维类复合材料有着较好的应用前景。

Kevlar（克维拉）、Twaron 等品牌的芳纶，强度比玻纤好，质量比玻纤轻，不会屏蔽卫星通信信号（碳纤维会屏蔽所有信号）。Moto RAZR 手机就采用了 Kevlar 芳纶材料（图 2-121）。

图 2-121　采用激光镭射印花的 Kevlar 芳纶材料的 Moto RAZR 手机

防弹衣一般使用芳纶材料制作，普通的刀无法切断面料。芳纶的表面处理可以采用激光印花。芳纶的价格较玻纤贵，有些比碳纤还贵。

芳纶纤维通常可采用表面涂层法、表面刻蚀法、等离子体表面接枝法来实现多种表面处理及效果。

有些复合材料可以形成特殊的表面处理效果。如把黑色碳纤和有色玻纤混编在一起，可达到立体编织效果。还有些复合材料可以实现模内纹路，在模具内做咬花、喷漆、包膜等工艺处理，可使得产品纹理耐污、耐磨损，保证图案清晰常新。

2.4　典型成型工艺

金属、塑料和木材是产品设计中的常见材料，针对这些材料的成型工艺及设备也是门类齐全，种类繁多。伴随着技术的发展，还出现了新的综合型加工设备，以及以制作模型和样机为主的快速成型设备。典型的成型工艺请参见燕山大学艺术与设计学院网站 http://art.ysu.edu.cn/info/1034/1385.htm.，以便于更加直观地学习和了解。

课题 2　材料的体验实践——触摸、观察、记录、改造身边的材料

选取身边常见的物品，如牙签（木材）、矿泉水瓶（塑料）、易拉罐（金属）、布匹、陶瓷花盆等，去触摸（手）、观察（眼睛）、听（耳朵）、嗅（鼻子）、尝（舌头，前提要保证安全卫生），用文字记录各种感受，再以适当的图形形式来表现相应感受和感觉，最后任意选择三种感觉，结合图形意象，进行材料改造（可以有一定功能性），使最终材料同时具有这三种感觉特点。

基本程序：

第一步：选取材料，以方便、量多、易于手工处理、价格可承受为宜。

第二步：体验材质

（1）用手以不同接触方式（碰、搓、抠、挤等）和不同力度接触每种材质的表面，感觉材料在手中的变化，做文字记录（平滑，有微棱，有纹，……）。根据记录，将文字感受变为图形图像（手绘、机绘皆可）。

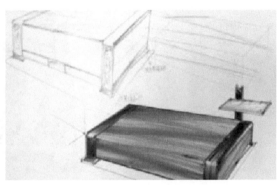

（2）以眼、耳、鼻、舌等感官去接触材料，要求同上。

（3）任选三种感觉，进行材料实体改造。完成 3～5 个成品。

（4）将改造后的成品，请其他同学按（1）、（2）步的要求接触成品，并说出感受。三种感觉皆被说出的作品为优。

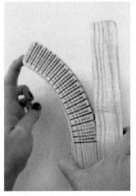

（5）根据作品，适当开发其功能性，将其变为某种具有使用功能的产品。

第**3**章 产品的骨骼——结构与机构设计

　　产品因功能的不同而具有不同的内部结构。结构设计是整个产品设计过程中最严谨、最复杂的一个工作环节。如果把产品比作人体,内部结构则是支撑人体的骨骼。

　　汽车能跑是因为轮子会转动,抽屉能抽拉是因为抽屉连接着滑道,舞台能升降是因为下面安装着升降杆架。正是通过各种机构的设计,产品才得以实现转动、移动等机械运动。机构由多个部件构成,部件之间可以发生相对运动的称为动联接,部件间相互衔接固定、不能发生相对运动的称为静联接。

　　本章将机械原理、机构设计中最重要的部分"机构"与"传动"和它们在实际生活中的应用精选出来,通过掌握机械结构的基本原理,即运动的传递和变换、机械的组成、机械运动部分的机构、机械运动系统的设计等内容,来更好地认识和创造产品的结构设计,并应用于具体的设计实践中。

3.1　产品结构大家族——产品结构形式集锦

　　从造型的角度,结构分为外显结构和内隐结构。外显结构清楚明了,便于安装和维修。同时,外显结构设计本身也是产品造型设计的一部分。而内隐结构被外显结构包裹,有效保护结构零件不受外界变化的影响,产品外部的整体感更强,也更易于清理。产品结构形式极为多样,参见图 3-1。

图 3-1　产品结构形式集锦

图 3-1(续)

3.2　结构的本质——力的接力棒

许多产品的使用过程，也是一个力的传递和转化过程。汽车行驶，就相当于把脚踏油门的力量传递到车轮，使车轮旋转与地面产生相对位移，从而实现汽车的行驶功能。在这个过程中，通过复杂的结构设计，实现了力的"放大"（脚踏力很小，而摩擦力很大）。由此可见，产品内部结构与机构的作用是传力，结构的本质就是力的接力棒。

拉力、压力、剪切力、弯曲力和扭转力，是我们常见的力作用于物体的形式。

拉力，就是物体所承受的拉拽力。就像拔河比赛中的绳子，在拉力作用下，物体会发生拉伸变形。日常生活中见到的折叠窗、橱柜、床等都需要用气弹簧（也称气撑杆）来固定窗扇或床板的位置。在这个过程中，正是拉杆结构保证了气弹簧发生沿撑杆方向的拉伸变形，实现了将人手之力转化为支撑之力（图 3-2）。

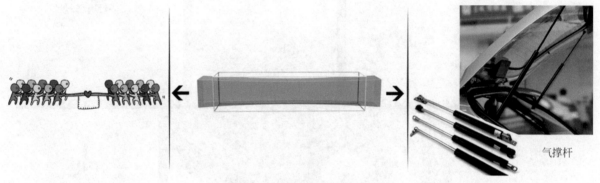

气撑杆

图 3-2　拉力及传递拉力的结构

压力，挤压物体的力。砸打是常见的利用压力实现物体变形的动作。在压力作用下，物体会发生压缩变形。常用设备汽缸，正是通过活塞反复压缩缸内空气，从而获得更大压力和机械能。面条机也是通过挤压结构实现了由面团到面条的变形。这同样也是压力连续传递的过程（图 3-3）。

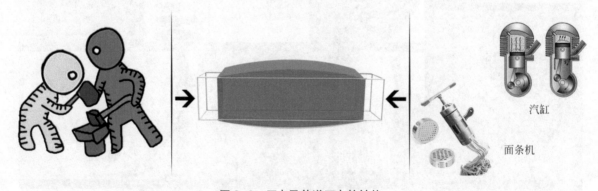

汽缸

面条机

图 3-3　压力及传递压力的结构

剪切力，两个距离很近、大小相等、方向相反，且作用于同一物体上的平行力。在剪切力的作用下，物体会发生沿力截面断裂现象。日常生活中常见的裁纸刀（也称裁纸机）、剪子、剃头推子，正是通过铡刀结构形成了剪切力，从而实现产品的剪切功能（图 3-4）。

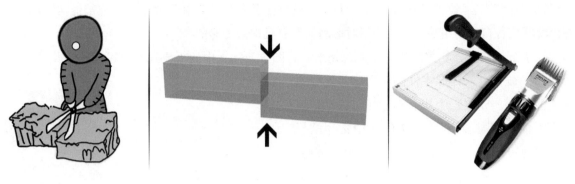

图 3-4　剪切力及实现剪切力的结构

弯曲力，作用于物体使它产生弯曲的力。在拉力和压力作用下，物体会发生水平或垂直的直线变形，而在弯曲力的作用下，就像鱼竿钓到大鱼时，物体会发生弧线变形。发条，正是利用超级细长的金属片易发生弯曲变形的特点，实现将弹力转化为动力的（图 3-5）。

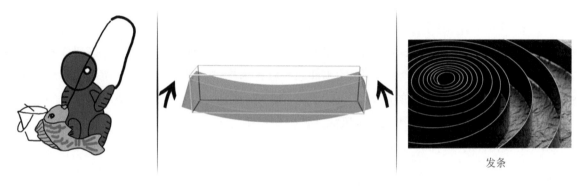

发条

图 3-5　弯曲力及传递弯曲力的结构

扭转力，反方向向物体两端均匀施以弯曲力，使物体发生扭转形变的力。通常，齿轮就是传递这种旋转弯曲力的结构。在汽车差速器内，正是通过复杂的齿轮轮系，实现了旋转力向各个方向的传递和转化（图 3-6）。

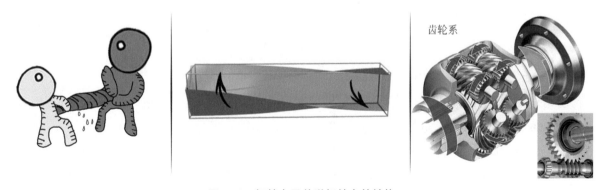

齿轮系

图 3-6　扭转力及传递扭转力的结构

3.3　运动的载体——机构的组成

1）零件与构件

人类的体能是有限的，为完成一些超出人的体能的活动，人类创造了各种工具，比如水车、犁耙、纺织机、缝纫机、汽车、拖拉机、起重机等。这些工具虽然构造和用途不同，但都能实现相对运动，并由此完成各自的使用功能，这些相对运动就是靠机构来传递的。

在了解机构及其相关的概念之前，先来看看图 3-7（a）中的折叠式整理箱设计，此整理箱的三个托盘，被一个六杆形零件同时固定，这个零件不能变形，导致三个托盘不能相对移动，所以也不能实现层叠；而图 3-7（b）中常用的折叠式整理箱，连接托盘的是一个可变形的结构，即三个杆件形成两个四边形。从原理上讲，图 3-7（a）中的木条零件和托盘构成了最稳定的三角形结构，自由度为 0，不能形成相对运动；图 3-7（b）中每一层的折叠系统都是长条零件和托盘组成的四边形结构，自由度为 1，因而能进行相对运动。

(a) 折叠箱设计一 　　　　(b) 折叠箱设计二

图 3-7　折叠箱设计

由此我们可以引出零件、构件、自由度等相关概念，图 3-7（b）中托盘、螺栓、螺母以及长条杆件就是所谓的零件，零件是最小的制造单元，如图 3-8（a）所示。而通过零件连接成一个没有相对运动的零件系统，这样没有相对运动的零件系统就称为构件，如图 3-8（b）所示。构件是进行机构设计和分析的基础，是基本的运动单元。构件的基本特征是：

（1）构件可能由多个零件组成，也可能就是一个零件。

（2）组成构件的零件间一定没有相对运动。

(a) 零件 　　　　　　　　　　　(b) 构件

图 3-8　零件与构件

2）运动副、运动链与机构

所谓运动副，是指使两构件直接接触的可动联接。两构件直接接触构成运动副的部分称为运动副元素。运动副的分类方法如下：

（1）按运动副所引入的约束数目分类。引入一个约束的运动副称为 I 级副，以此类推。

（2）按两构件间的接触情况即按运动副元素分类。凡两构件以点或线接触构成的运动副称为高副；凡两构件以面接触构成的运动副称为低副。

（3）按两构件间的相对运动形式分类。两构件之间作相对转动的运动副称为转动副（铰链）；作相对移动的运动副称为移动副。此外还有作相对螺旋移动的螺旋副和作相对球面运动的球面副和球销副。

若干个构件通过运动副所构成的系统称为运动链。若运动链中各构件构成了首末封闭的系统，则称为闭式运动链；若未构成首末封闭的系统，则称为开式运动链。运动链中有一个固定的构件称为机架；一个或几个构件作给定的独立运动，其余构件随之运动，作独立运动的构件称为原动件，其余的活动构件称为从动件。从动件的运动规律取决于原动件的运动规律和机构的结构（图3-9）。

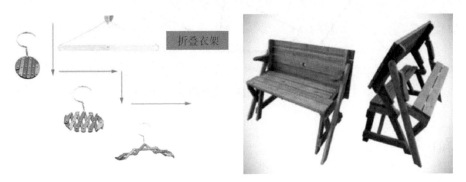

图3-9 运动链在产品设计中的应用

当一个构建系统是由若干构件组成的，且各构件之间具有确定的相对运动时，我们就把它称为机构。任何机构均由机架、原动件和从动件系统组成。如果机构中各构件的运动平面是相互平行的，则称为平面机构，反之则称为空间机构。

由此可以把构件系统分为3类，它们的特征如图3-10所示（桁架见3.3.4.2节）。

图3-10 构件系统的分类及特征

3）构件与机构的自由度

构件的自由度是指构件的独立运动数目。作空间运动的构件具有6个自由度，如图3-11（a）所示，即3个移动和3个转动，而作平面运动的构件具有3个自由度，如图3-11（b）所示。当一个构件与另一构件组成运动副后，由于构件间的直接接触，使构件的某些独立运动受到限制，构件自由度便随之减少。这种对构件独立运动的限制称为约束。增加一个约束，构件便失去一个自由度。显然，作平面或空间运动的构件其约束数不能超过2或5，否则构件将没有相对运动。

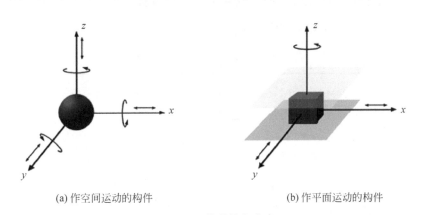

(a) 作空间运动的构件   (b) 作平面运动的构件

图3-11 构件的自由度

机构要能运动，它的自由度必须大于零。机构的自由度表明机构具有的独立运动数目。由于每一个原动件只可从外界接受一个独立运动规律，如内燃机的活塞具有一个独立的移动，因此，当机构的自由度为1时，只需有一个原动件；当机构的自由度为2时，则需有两个原动件，如图3-12所示，即机构具有确定运动的条件是原动件数目应等于机构的自由度数目。由此再来回顾本章开头的折叠箱设计，因为自由度为零所以不能进行折叠。因此在运用机构进行产品设计的时候需要充分考虑其自由度的问题，以实现能运动的功能要求。

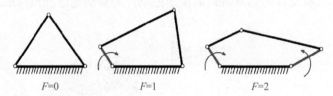

图 3-12　机构的自由度与原动件的关系

3.3.1　平面机构

3.3.1.1　平面连杆机构

若干个构件通过低副（转动副或移动副）联接所组成的机构称为连杆机构，也称低副机构。平面连杆机构可以实现运动形式的变换，还可以实现一定的动作和轨迹。

平面连杆机构的优点是平面机构为面接触，所以承受的压强小、便于润滑、磨损较轻，可以承受较大载荷。另外，其结构简单，加工方便，构件工作可靠，因而可实现多种形式的运动，满足多种运动规律和运动轨迹的要求。其缺点是连杆机构运动链较长，构件尺寸误差和运动副间隙将产生较大积累误差，同时会使机械效率变低，不宜用于高速传动。

平面连杆机构有许多种，全转动副的平面四杆机构，称为铰链四杆机构；含有移动副的平面四杆机构，又可分为含有一个移动副的四杆机构和含有两个移动副的四杆机构。其中铰链四杆机构是平面四杆机构的基本形式，其他形式的四杆机构可看成是在它的基础上演化而来的。在此机构中（图 3-13），AD 为机架，AB、CD 两构件与机架组成转动副，称为连架杆，BC 为连杆。在连架杆中，能作整周回转的构件称为曲柄，只能在一定角度范围内摆动的构件称为摇杆。曲柄摇杆机构、双曲柄以及双摇杆机构比较常见，在我们生活中应用较多。

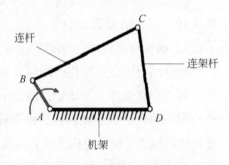

图 3-13　铰链四杆机构

表 3-1　常见的平面连杆机构及特点

序号	机构名称	机构简图	特点	应用案例
1	曲柄摇杆		两个连架杆中，一为曲柄，一为摇杆。通常曲柄主动，摇杆从动，但也有摇杆主动的情况	
2	双曲柄		两连架杆均为曲柄的机构	

续表

序号	机构名称	机构简图	特点	应用案例
3	双摇杆		两连架杆均为摇杆的机构，一般主动摇杆作等速摆动，被动摇杆作变速摆动	
4	演化形式	移动导杆机构	含有一个移动副的四杆机构	
		正弦机构	含有两个移动副的四杆机构	

1．双曲柄机构

双曲柄机构包括两类：平行四边形机构和反平行四边形机构。

当两个曲柄长度相等且平行布置时，该类机构称为平行四边形机构，其特点是两曲柄转向相同且转速相等，连杆 1 相对连杆 3 始终作平行运动，如图 3-14（a）所示。图 3-14（b）所示为反平行四边形机构，具有两曲柄运动方向相反的特点。图 3-15 所示的 La Vela 床头柜则利用了连杆 1 平动的特点，由连杆 2 所构成的桌面既可以在一定范围内移动，同时又保持平衡状态，对于患者或者行动不便的人来说，在床上吃饭是不可避免的事情，此款床边桌为此类用户提供了极大的便利，通过折叠达到两用的效果。除此之外，火车驱动联动机构和可移动的平行操作台也应用了相同的原理。

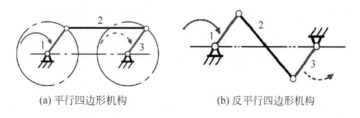

(a) 平行四边形机构　　　(b) 反平行四边形机构

图 3-14　双曲柄机构分类图示

图 3-15　La Vela 床头柜采用平行四边形机构

2．曲柄滑块机构

在曲柄摇杆机构中，如果将杆 3 长度无限增大，则会有一个转动副转化成移动副，这样曲柄摇杆机构就转化为曲柄滑块机构，而当杆 3 无限缩小至距离为零时则称为对心曲柄滑块机构，否则则称为偏心曲柄滑块机构，如图 3-16 所示。

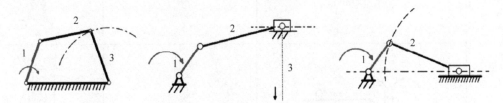

图 3-16　曲柄滑块机构的演变过程

雨伞骨架就是应用对心曲柄滑块机构的典型，其中滑块 4 与机架 1 形成移动副，将杆 2 的转动转变为滑块 4 的移动，或者将滑块 4 的移动转化为杆 2 的转动（图 3-17）。

图 3-17　对心曲柄滑块机构在雨伞中的应用

生活中运用对心曲柄滑块机构的实例有很多，譬如图 3-18（a）中所示订书机。订书机的托板与手柄通过一根链杆相连，链杆一端固定在手柄上，另一端连接推动器放在托板的滑槽里向后移动，当托板与手柄之间的夹角增大时，链杆带动推动器在滑槽里向后移动，这样滑槽空出前段空间，这时可以向滑槽里放订书钉。当托板与手柄之间的夹角减小时，链杆可以带动推动器运动到托板的前端，同时推动器经托板里的细长弹簧作用，从而把订书钉压紧。需要注意的是，链杆与推动器的连接是通过一个钩子连在一起的。链杆只对推动器有向后的力，也就是说在往托板的前段运动的时候，链杆是不会影响推动器压紧订书钉的。

图 3-18（b）所示的推拉窗也是一个生动的案例，其机构和订书机类似，区别之处在于，链杆为刚性杆件且带有自锁功能，我们在设计时，也要注意具体问题具体分析，灵活运用平面机构。

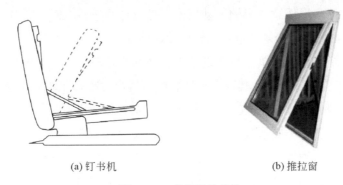

(a) 钉书机　　　　　　　　　　(b) 推拉窗

图 3-18　曲柄滑块机构

3．急回特性和死点

当曲柄为主动杆匀速转动时，从动的摇杆变速摆动，且曲柄转一周的过程中与连杆有两次共线，此时摇杆的左右两个位置是极限位置；两次共线时，曲柄与机架的夹角也不同，这说明从动摇杆到达左右两个极限位置时，曲柄转过的角度也不同，即摇杆左右摆动时的速度不同。通常把摇杆的这种左右摆动速度不同的特性称为急回特性。实际应用时，常把慢速作为工作行程，快速作为回行程，如火车轮联动机构，如图 3-19 所示。

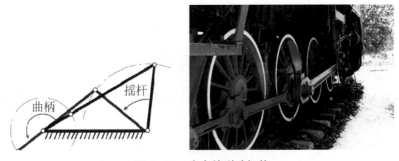

图 3-19　火车轮联动机构

如果摇杆主动，即逆时针或顺时针转动，当从动的曲柄与连杆共线时，机构会停止运动，此时把该位置称为死点位置；为了使从动曲柄能作整周转动，需要增加防止卡死的构件，利用其构件所产生的惯性通过死点位置，生活中常用的健身跑步机就是利用惯性通过死点的实例；但是有些机构正是利用死点位置进行设计的，如飞机起落架（图 3-20）、钻夹具。

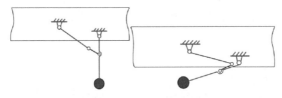

图 3-20　飞机起落架示意图

3.3.1.2　凸轮机构

凸轮机构是由凸轮（具有曲线轮廓的构件，通常作连续的等速转动、摆动或移动）、从动件（在凸轮轮廓的控制下按照预定的运动规律作往复移动或摆动）、机架以及附属装置组成的一种高副机构。当要求原动件凸轮作连续运动而从动件必须作间歇运动时，使用凸轮机构是最简便的。

凸轮机构可以实现各种复杂的运动要求，而且结构简单，所以应用广泛。凸轮机构的作用是将连续回转变为从动件直线移动或摆动。从动件的运动规律是由凸轮轮廓曲线决定的，只要凸轮轮廓设计得当，就可以使从动件实现任意给定的运动规律。在设计凸轮机构时，首先应该根据实际需求确定从动件的运动规律，再根据这个规律设计凸轮的轮廓曲线。

凸轮机构的优点是结构设计简单。只要设计出适当的凸轮轮廓尺寸，便可使从动件按各种预定的规律运动，并且机构紧凑，工作可靠；其缺点是易磨损。凸轮与从动件之间为点或线接触，压强较大，易于磨损，一般凸轮轮廓的加工要求比较高，费用昂贵，因此，往往用于传力不大的控制和调节机构中。

凸轮机构的命名是将各种不同形式的凸轮和不同形式的从动件组合起来，就得到了不同类型的凸轮机构。其命名规则是从动件特性（安装、形状、运动）加凸轮特性或结构。除平底、曲面从动件不能与空间凸轮配对，平底直动不能与移动凸轮配对，直动从动件不能与球面、环面凸轮配对外，其他凸轮和从动件均能配对工作，所以凸轮机构的类型繁多。

1．凸轮机构的分类及锁合方式

凸轮机构是根据凸轮和从动件的形状和运动形式的不同进行分类的，它具有多种类型。主要分为盘形凸轮、移动凸轮和圆柱凸轮（属空间凸轮），从动件可相对机架作往复直线运动或往复摆动。根据从动件与凸轮接触处结构形式不同，从动件分为尖底从动件、滚子从动件和平底从动件。根据从动件的运动形式不同，把作往复直线运动的从动件称为移动从动件，把作往复摆动的从动件称为摆动从动件（图 3-21）。

(a) 盘形凸轮   (b) 移动凸轮   (c) 圆柱凸轮

图 3-21　凸轮机构的分类

凸轮机构高速运动过程中，从动件可能存在很大的惯性，容易与凸轮发生脱离，为了使从动件实现给定的运动规律，从动杆应与凸轮保持良好的接触，使之处于锁合状态，常见的锁合方式有力锁合和形锁合。

1）力锁合

利用从动件的重力、弹簧力或其他外力使从动件与凸轮保持弹性锁紧。这种锁合方式比较简单，故应用广泛，但锁合力将使构件受到附加荷载的作用（图 3-22）。

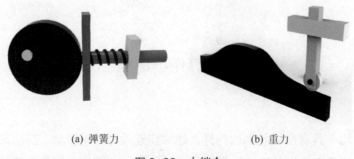

(a) 弹簧力   (b) 重力

图 3-22　力锁合

2）形锁合

依靠凸轮和从动件的特殊几何形状而始终保持接触。其中，槽道锁合结构简单，但凸轮尺寸较大；等宽锁合会使从动件运动规律受限；等径锁合，直动从动件中两个滚子中心的距离为常量；共轭锁合是由彼此固结在一起的一对凸轮共同控制一个从动件（图3-23）。

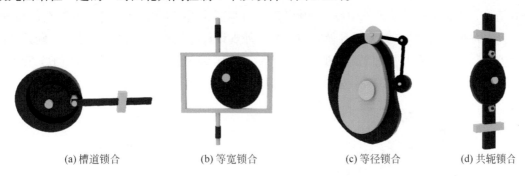

(a) 槽道锁合   (b) 等宽锁合   (c) 等径锁合   (d) 共轭锁合

图 3-23   形锁合

2. 凸轮机构的应用

凸轮机构可以实现各种复杂的运动要求，而且结构简单，机构紧凑，工作可靠，所以应用较广泛。

由于从动件的运动规律取决于凸轮轮廓曲线，所以在应用时，只要根据从动件的运动规律来设计凸轮的轮廓曲线就可以了。在实际生活中可以经常见到凸轮机构的影子，尤其是自动化及半自动化机械中，自动送料模块应用的就是弹簧力锁合的凸轮机构。由匀速运动的凸轮带动推杆作往复运动，其中推杆上的弹簧是为了确保推杆与凸轮的锁合状态，从而保证将工件推送出去（图3-24）。

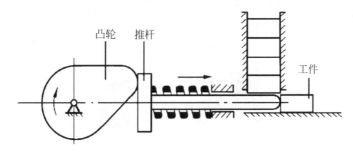

图 3-24   自动送料模块中的凸轮机构

图3-25是靠模切削装置，靠模运动带动从动件运动，从而最终带动从动件上绑定的刀具对工件进行切削，靠模曲线决定刀具的形状，因此，在进行凸轮机构设计时，要根据从动件的运动轨迹对主动件凸轮进行设计。

除了大型机械之外，凸轮机构还有许多应用，比如弹子锁，它与钥匙组成了凸轮机构，其中钥匙是凸轮，插入弹子锁的锁芯中，凸轮轮廓线将不同长度的弹子推到同样高度，即每一对弹子的分界面与锁芯和锁体的分界面相齐，则通过锁体可以转动锁芯，拨开锁闩。如图3-26所示，当弹槽1

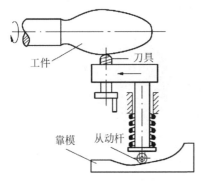

图 3-25   靠模切削装置中的凸轮机构

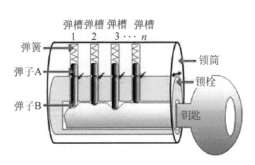

图 3-26   弹子锁中的凸轮机构

至 *n* 中的弹子 A 与弹子 B 之间的缝，正好与锁筒和锁栓之间的缝对齐，这时锁栓可以转动，该锁具就是打开状态。

海豚按摩器的振动按摩部位也是典型的凸轮机构（图 3-27（a））。直流电机带动偏心轮作圆周运动，曲轴的另一端为摩头固定支架，圆周运动通过曲轴传递给摩头，从而实现振动按摩。虽然流线型的海豚造型设计会吸引消费者的眼球，提升消费者的购买欲望，但我们绝不能仅停留在外观设计上，内部结构乃产品的"骨骼"，如果没有骨骼的支撑，外观设计将没有任何意义。另外，玩具设计也是一个重要方向，为了吸引儿童的兴趣，通常要设计一些简单会动的产品，如图 3-27（b）所示的纳米机械虫，通过内置偏心轮产生振动使富有弹性的腿弯曲，把上下振动转变为向前推进。

(a) 海豚按摩器   (b) 纳米机械虫

图 3-27 凸轮机构在产品设计中的应用

3.3.1.3 间歇机构

间歇运动机构可以将连续运动转变成间歇运动。间歇运动机构主要有凸轮式间歇机构、槽轮机构、不完全齿轮机构和棘轮机构等几种类型（图 3-28）。

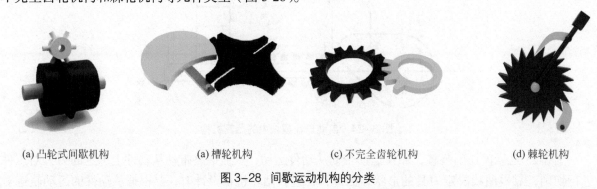

(a) 凸轮式间歇机构   (a) 槽轮机构   (c) 不完全齿轮机构   (d) 棘轮机构

图 3-28 间歇运动机构的分类

1. 凸轮式间歇机构

凸轮式间歇运动机构，工程上又称为凸轮分度机构，常见的有圆柱分度凸轮机构和弧面分度凸轮机构。这两种凸轮式间歇运动机构的共同点是定位可靠，传动平稳，转盘可实现任何运动规律，适应中、高速运转。弧面分度凸轮机构与圆柱分度凸轮机构相比，更能适应高速重载（图 3-29）。

(a) 圆柱分度凸轮机构   (b) 弧面分度凸轮机构

图 3-29 凸轮式间歇机构

2．棘轮机构

棘轮机构的特点是结构简单，制造方便，运动可靠；从动棘轮的转角大小可在较大范围内调节；工作时有较大的冲击和噪声，运动平稳性较差，常应用于速度较低、载荷不大、运动精度要求不高的场合。棘轮机构也有许多种形式，其分类如下。

1）按结构形式可分为摩擦式棘轮机构和轮齿式棘轮机构

摩擦式棘轮机构是用偏心扇形楔块代替齿式棘轮机构中的棘爪，以无齿摩擦代替棘轮。特点是传动平稳、无噪声；动程可无级调节。但因靠摩擦力传动，会出现打滑现象，虽然可起到安全保护作用，但是传动精度不高，适用于低速轻载的场合。

轮齿式棘轮机构结构简单，制造方便；动与停的时间比可通过选择合适的驱动机构实现。该机构的缺点是动程只能作有级调节；噪声、冲击和磨损较大，故不宜用于高速（图3-30）。

(a) 滚子摩擦式棘轮机构　　　(b) 双向式外啮合棘轮机构　　　(c) 单动式内啮合棘轮机构

图3-30　摩擦式棘轮机构和轮齿式棘轮机构

2）按啮合方式可分为啮合棘轮机构和内啮合棘轮机构

外啮合式棘轮机构的棘爪或楔块均安装在棘轮的外部，而内啮合棘轮机构的棘爪或楔块均在棘轮内部。外啮合式棘轮机构由于加工、安装和维修方便，应用较广。内啮合棘轮机构的特点是结构紧凑，外形尺寸小。

3）按从动件运动形式可分为单动式棘轮机构、双动式棘轮机构和双向式棘轮机构

单动式棘轮机构当主动件按某一个方向摆动时，才能推动棘轮转动。双动式棘轮机构，在主动摇杆向两个方向往复摆动的过程中，分别带动两个棘爪，两次推动棘轮转动，常用于载荷较大、棘轮尺寸受限、齿数较少，而主动摆杆的摆角小于棘轮齿距的场合（图3-31）。

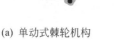  

(a) 单动式棘轮机构　　　　(b) 双动式棘轮机构　　　　(c) 双向式棘轮机构

图3-31　单动式、双动式和双向式棘轮机构

以上介绍的棘轮机构，都只能按一个方向作单向间歇运动。双向式棘轮机构可通过改变棘爪的摆动方向，实现棘轮两个方向的转动。

由于棘轮的种种特性，许多产品的功能实现都离不开它，如电缆剪。棘轮电缆剪是一种能够快

速对电缆进行剪切的手动工具，因为采用了机械棘轮结构，所以剪切更加省力。它包括握柄装置、剪切装置及推进装置，其推进装置是借助两个齿轮传动，以带动活动刀体上的卡齿往前推进，使活动刀体与固定刀体的刀锋部所形成的圆形部渐次缩小，以达到剪切的功效；齿轮是以切线的方向推送活动刀体上的齿轮，并使齿轮以多个卡齿推送活动刀体的卡齿，使推送力分散于卡齿上，使卡齿不易损坏，以延长其使用寿命。棘轮式螺丝刀和扳手原理相似，都是左右旋转固定开关，向同一个方向旋转时，手柄不需要离开螺丝，省时省力；机械手表的发条的结构也包括棘轮机构，用来防止齿轮倒转（图 3-32）。

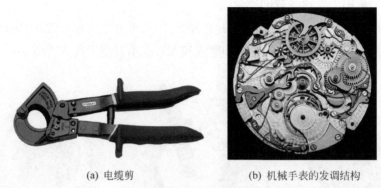

(a) 电缆剪　　　　　　　　(b) 机械手表的发调结构

图 3-32　棘轮机构的应用

3. 槽轮机构

槽轮机构是主动拨盘作等速连续转动，从动槽轮作间歇转动。其特点是结构简单，制造容易，工作可靠，能准确控制转角，机械效率高。与棘轮机构相比，槽轮机构在进入和脱离啮合时运动较平稳；槽轮转角大小能调节；在运动过程中，槽轮的角速度不是常数，角加速度变化较大，从而产生冲击。槽轮机构一般用于转速不高、要求实现间歇转动的装置中，如转塔车床上的刀具转位机构，它还常在电影放映机中用于间歇移动胶片等。槽轮机构的类型有平面槽轮机构（外啮合槽轮机构、内啮合槽轮机构）和空间槽轮机构等。

外槽轮机构中的槽轮径向槽的开口是自圆心向外，主动构件与从动槽轮转向相反；内槽轮机构中的槽轮上径向槽的开口是向着圆心的，主动构件与从动槽轮转向相同。这两种槽轮机构都用于传递平行轴运动。与外槽轮机构相比，内槽轮机构传动较平稳、停歇时间较短、所占空间小（图 3-33）。

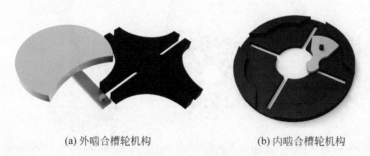

(a) 外啮合槽轮机构　　　　　　　　(b) 内啮合槽轮机构

图 3-33　平面槽轮机构

球面槽轮机构是一种典型的空间槽轮机构，用于传递两垂直相交轴的间歇运动。其从动槽轮是半球形，主动构件的轴线与销的轴线都通过球心。当主动构件连续转动时，球面槽轮得到间歇运动（图 3-34）。

(a) 球面槽轮机构　　　　　　　(b) 不等臂长多销槽轮机构

图 3-34　球面槽轮机构与多销槽轮机构

当要求槽轮在转动一周中实现多个不同的运动时间和间歇时间时，可增加主动拨盘上的圆销数，且让其按要求分布在不同的半径和不同的角度上。电影放映中的胶片抓片机构就是应用此机构的案例，利用槽轮不同运动时间和间歇时间的特点，来实现电影胶片的抓片（图 3-35）。

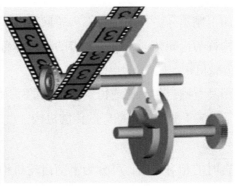

图 3-35　电影放映机的抓片机构原理

4. 不完全齿轮机构

不完全齿轮机构也称欠齿轮机构，由一对特殊设计、加工的齿轮组成，其主动轮上只做出一个或几个齿作连续转动，从动轮作间歇转动。此机构设计灵活，从动轮的运动角范围大，很容易实现一个周期中的多次动、停时间不等的间歇运动。但加工复杂；在进入和退出啮合时速度有突变，引起刚性冲击，不宜用于高速转动；主、从动轮不能互换。

不完全齿轮机构可分为外啮合不完全齿轮机构和内啮合不完全齿轮机构。外啮合不完全齿轮机构的主、从动轮转向相反；内啮合不完全齿轮机构的主、从动轮转向相同（图 3-36）。

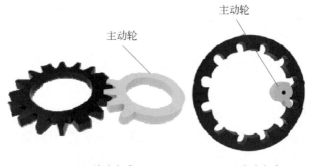

(a) 外啮合式　　　　　　　(b) 内啮合式

图 3-36　不完全齿轮机构的分类

自行车铃作为日常生活中常用的警示工具，应用的就是不完全齿轮往复摆动机构，它采用外啮合的方式相互连接，拨动不完全齿轮部件，另一个完整齿轮会触发响铃部件而后自动复位（图 3-37）。

图 3-37　自行车铃的内部结构及零件组成

3.3.2　机械传动

3.3.2.1　齿轮传动

在回转体的表面上制出牙齿，工作时靠齿轮回转表面的牙齿推着另一个回转体表面的牙齿传递运动（啮合）的机构称为齿轮传动，带有牙齿的回转体称为齿轮，两个相啮合的齿轮与一个连接两齿轮的机架构成了齿轮机构。

齿轮机构是利用具有确定传动比或恒定传动比的一对高副齿廓曲面间的精确推压作用实现两轴间传动的机构。它是机械工业中应用最广的传动机构。

1．齿轮机构的分类

根据两齿轮啮合时的相对运动，可分为平面齿轮机构和空间齿轮机构。平面齿轮机构的轴线互相平行，常用的有直齿圆柱齿轮、斜齿圆柱齿轮和人字齿轮（图 3-38）。

(a) 直齿圆柱齿轮　　　　　　　(b) 斜齿圆柱齿轮　　　　　　　(c) 人字齿轮

图 3-38　齿轮机构的分类

两个外直齿圆柱齿轮啮合时两轮转动方向相反，工作时无轴向力，制造简单，但传动平稳性较差，应用较广泛。

两啮合斜齿圆柱齿轮转动方向相反，传动平稳性好，工作时有轴向力，但不宜作滑动变速齿轮，用于高速、重载传动。

两啮合的人字齿轮，两轮传动方向相反，承载能力高，无轴向力，但制造困难。

空间齿轮机构的两齿轮运动是空间运动，两齿轮轴线不平行。按两轮轴线的位置，空间齿轮机构又可分为两类：传递两相交轴运动的齿轮机构和传递不平行也不相交两轴转动的齿轮机构。

传递两相交轴运动的齿轮机构，常用的有圆锥齿轮机构，其轴交角为 90° 的被广泛应用，制造、安装容易（图 3-39）。

传递不平行也不相交两轴转动的齿轮机构有螺旋齿轮机构、蜗轮蜗杆等（图 3-40）。

螺旋齿轮机构的啮合为点接触，传动效率低、寿命低，常用于低速传动；蜗轮蜗杆传动中，通常

图 3-39　圆锥齿轮机构　　　　　　　　图 3-40　螺旋齿轮机构、蜗轮蜗杆

蜗杆为主动件，蜗轮为从动件，传动比较大，结构
紧凑，传动平稳，噪声小。

　　电风扇摇头机构是将电动机的转动转换为扇叶
的转动与摆动，如图 3-41 所示。为实现连续摆动，
该部件综合运用了双摇杆机构和蜗轮蜗杆机构，通
过双摇杆机构实现两摇杆的连续摆动，然后采用蜗
轮蜗杆传动，具体结构如下：将蜗轮固接在曲柄的
一端，曲柄的另一端与一个摇杆铰接；在另一个摇杆
上安装蜗杆与电动机，一端与曲柄、蜗轮中心铰接，

图 3-41　蜗轮蜗杆传动的实例

保证蜗轮的中心距，使蜗杆与蜗轮啮合；蜗杆轴与电动机同轴，电动机带动扇叶与蜗杆转动，蜗杆驱
动蜗轮旋转，与蜗轮固接的曲柄作平面运动，并使两摇杆连续摆动，实现风扇的摇头（摆动）运动。

　　利用蜗轮蜗杆传动可实现较大的传动比，来降低扇叶的摆动速度，模拟自然风。

　　除上述的齿轮机构外，还有齿轮齿条机构，它可将齿轮的旋转运动转换为齿条的直线移动，也
可将齿条的直线移动转换为齿轮的旋转运动（图 3-42）。

　　阿莱西的经典设计产品安娜启瓶器应用的就是齿轮齿条机构（图 3-43）。在开酒时只要轻压安
娜纤细的颈项，藏在裙下的小钻子就会穿入软木塞，此时抬起她修长的双手，软木塞就会应声拔出，
轻松又有趣。安娜启瓶器将交错轴齿轮机构和杠杆原理完美地结合起来，不仅是好用的家庭工具，
更是一件艺术品。

图 3-42　齿轮齿条机构　　　　　　　　图 3-43　安娜启瓶器

2．轮系

　　齿轮机构能够实现分路传动，可将主动轴上的运动传递给若干个从动轴，实现分路传动；获得精
确、恒定的传动比，传动平稳，效率高；实现换向传动；实现高速度、大功率的变速传动，如变速箱；
实现运动的合成与分解，如差速器。

　　为了满足不同的工作要求，只用一对齿轮传动往往是不够的，通常用一系列齿轮共同传动。这种

由一系列齿轮组成的传动系统称为轮系。轮系有定轴轮系、周转轮系(行星轮系)和复合轮系三种类型,如图 3-44 所示。

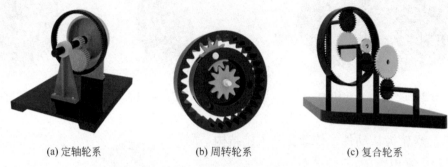

(a) 定轴轮系　　　　　　　(b) 周转轮系　　　　　　　(c) 复合轮系

图 3-44　轮系的分类

汽车差速器是为了调整左右轮的转速差而装置的,其主要原理就是轮系。为了驱动四个车轮,必须将所有的车轮连接起来,如果将四个车轮机械连接在一起,汽车在曲线行驶的时候就不能以相同的速度旋转,为了能让汽车曲线行驶旋转速度基本一致,需要加入中间差速器用以调整前后轮的转速差(图 3-45)。变速自行车的变速装置也是由轮系实现的。

图 3-45　汽车差速器

3.3.2.2　螺旋传动

螺旋传动是利用螺杆和螺母组成的螺旋副来实现传动要求的。它主要用于将回转运动转变为直线运动,同时传递运动和动力。

螺旋传动可分为以下三种:

(1)传力螺旋。以传递动力为主,要求以较小的转矩产生较大的轴向推力,用以克服工件阻力,如各种起重或加压装置的螺旋。这种传力螺旋主要是承受很大的轴向力,一般为间歇性工作,每次的工作时间较短,工作速度也不高,通常具有自锁能力。

(2)传导螺旋。以传递运动为主,有时也承受较大的轴向力,如机床进给机构的螺旋等。传导螺旋常需在较长的时间内连续工作,工作速度较高,要求具有较高的传动精度。

(3)调整螺旋。用以调整、固定零件的相对位置,如机床、仪器及测试装置中的微调机构螺旋。调整螺旋不经常转动,一般在空载下调整。

螺旋传动按其螺旋副摩擦性质的不同,又可分为:

(1)滑动螺旋。其结构简单,便于制造,易于自锁,应用范围较广。但主要缺点是摩擦阻力大,传动效率低(一般为30%~40%),磨损快,传动精度低。

（2）滚动螺旋。具有传动效率高、启动力矩小、传动灵敏平稳、工作寿命长等优点，故目前在机床、汽车、航空、航天及武器等制造业中应用颇广。缺点是制造工艺比较复杂，特别是长螺杆更难保证热处理及磨削工艺质量，刚性和抗振性能较差。

（3）静压螺旋。为了降低螺旋传动的摩擦，提高传动效率，并增强螺旋传动的刚性和抗振性能，可以将静压原理应用于螺旋传动中，制成静压螺旋。

CRKT 哥伦比亚河多用工具刀"比目鱼"（图 3-46），因其便捷、实用、多功能获得 2007 年国际刀具博览会最畅销奖，其中钳子部分的功能就是依靠螺旋传动实现的。有时将简单常用的机构应用到产品设计中能增添不少亮点。

图 3-46 CRKT 哥伦比亚河多用工具刀"比目鱼"

3.3.2.3 带传动与链传动

带传动、链传动也称为柔性传动。用于传递空间两轴之间的运动和动力，实现转速的变化和扭矩的变化，常用于中心距较大的场合。

1．带传动

带传动分为摩擦型带传动和啮合型带传动（图 3-47）。传动带具有弹性和挠性，可吸收振动、缓和冲击。其优点是传动平稳，噪声小；过载时，传动带与带轮间可发生相对滑动，起到保护作用；适用于中心距较大的场合；结构简单，制造、安装、维护方便。缺点是传动比不准确；效率低，寿命短；由于张紧力存在，轴承受力较大。车站、机场以及娱乐场所的安检系统就是应用了带传动。图 3-48（a）所示安检机的原理就是借助于输送带将被检查行李送入 X 射线检查通道而完成检查，这里的输送带就应用了带传动。

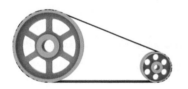

(a) 摩擦型带传动　　　　　　　　　　　(b) 啮合型带传动

图 3-47 带传动的分类

(a) 安检机　　　　　　　　　　　(b) 带传动的变速器

图 3-48 带传动的应用

美国的 TREK 公司被称为世界自行车的巨人，该公司最近推出的新型自行车，用皮带式传动系统代替了以往的链条。当然这样的新技术带来的不仅仅是视觉上的改变，皮带比普通的自行车链条更加轻便，骑行时产生的噪声要小很多，不容易发生"掉链子"的情况，而且也不需要机油做润滑，避免了将裤子或手弄脏的麻烦（图 3-49）。

2．链传动

链传动是通过链条将具有特殊齿形的主动链轮的运动和动力传递到具有特殊齿形的从动链轮的一种传动方式，广泛用于交通运输、农业、轻工、矿山、石油化工和机床工业等。

图 3-49　带传动自行车

相对于带传动，链传动的平均传动比准确，安装精度要求较低，且效率高、成本低，适用于中心距较大的传动。但是其瞬时传动比不恒定，传动的平稳性差，有噪声，而且只能用于两平行轴的运动传递。

按照用途不同，链可分为起重链、牵引链和传动链三大类（图 3-50）。

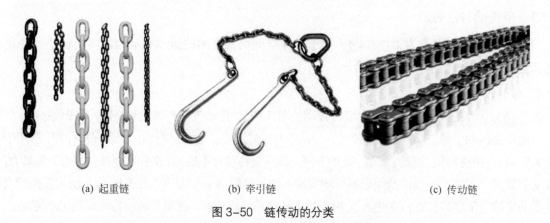

(a) 起重链　　　　　　　　(b) 牵引链　　　　　　　　(c) 传动链

图 3-50　链传动的分类

链传动在自行车上的应用是显而易见的，由于脚蹬的地方与后轮之间距离较远，所以链传动是最佳选择。如图 3-51 所示，动力由脚蹬部位传递给后轮之后，再通过地面摩擦力带动前轮一起运动。

图 3-51　链传动在自行车中的应用

3.3.3 静联接

各种机构为我们解决了设计中实现某些结构的问题，但是只有机构却不能完全满足产品的安装、拆卸、运输等方面的要求。为了满足这些要求，广泛采用各种联接来实现产品部件以及零件之间的组合。

所谓联接，就是利用各种方式将各种零件连成一体。根据被联接件之间的关系，联接分为静联接和动联接（即传动）。静联接指的是被联接部分间的相互位置在工作时不能也不允许变化的联接，它是相对于动联接而言的。静联接的方式有很多，一般用于将两个或两个以上的部件用联接零件或者按照各种方法组合到一起。大致包括：螺纹联接、焊接、铆接和粘接。

从目前联接在产品设计及制造中的应用来看，联接的发展趋势是联合使用粘接和其他联接方法（螺纹联接、铆接和焊接等），这样就可以利用每种联接方式的优点以达到最佳的效果。

1. 螺纹联接

螺纹联接是一种广泛应用的可拆卸的固定连接，具有结构简单、连接可靠、装拆方便等优点。

螺纹联接分为螺栓联接、双头螺柱联接、螺钉联接、紧定螺钉联接、地脚螺栓联接和膨胀螺栓联接。螺栓联接拆装方便，成本低，应用最广；双头螺柱联接用于被联接件较厚，要求结构紧凑和经常拆装的场合；螺钉联接结构较简单，但是不适用于经常拆装的场合；紧定螺钉联接多用于轴与轴上零件的联接；地脚螺栓联接常用于将机器或机架固定在地基上；膨胀螺栓联接使用方便，通常用在既不允许钻通孔，又无法铰制螺纹孔的材料上，如混凝土、砖墙等（图3-52）。

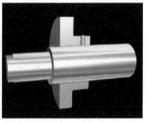

(a) 螺栓联接　　　　(b) 双头螺柱联接　　　　(c) 螺钉联接　　　　(d) 紧定螺钉联接

(e) 地脚螺栓联接　　　　(f) 膨胀螺栓联接

图 3-52　螺纹联接的分类

2. 焊接

焊接是通过加热或者加压或者两者并用的方式使部件之间形成原子或分子之间的结合而达到不可拆卸的联接。

焊接主要应用于金属之间的联接，但也会应用于非金属（如塑料）之间的联接。焊接的能量来源有很多种，包括气体焰、电弧、激光、电子束、摩擦和超声波等。

通常将焊接分为电弧焊、气焊和压力焊。电弧焊广泛应用于金属构件和箱体的加工，按照焊缝的不同分为对接焊缝、填角焊缝和塞焊缝（图3-53）。气焊只适用于金属薄板零件，多用于修理和小批量生产。压力焊只适用于薄钢板，但生产效率极高。

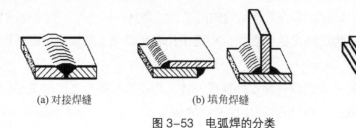

(a) 对接焊缝　　　　　　(b) 填角焊缝　　　　　　(c) 塞焊缝

图 3-53　电弧焊的分类

3. 铆接

铆接是指用铆钉将两个或两个以上的部件联接到一起的不可卸联接。通俗地讲，铆接就是指两个厚度不大的板，通过在其部位上打洞，然后将铆钉放进去，用铆钉枪将铆钉铆死，而将两个板或物体联接在一起的方法。

铆接既适用于金属之间的联接，又适用于非金属之间的联接，同时也适用于金属与非金属的联接。铆接技术工艺设备简单，对应力集中不敏感，并且抗振、耐冲击、牢固可靠。但是其结构笨重，铆钉孔会削弱强度，铆接时噪声较大。

根据被联接部分能否相互运动，铆接分为活动铆接、固定铆接和密封铆接，活动铆接，即结合件可以相对转动，如图 3-54（a）所示的剪刀、钳子就是应用了活动铆接，固定铆接，即结合件不能相对活动，属于刚性连接，如图 3-54（b）所示的角尺和桥梁建筑应用的就是此种铆接方式；密封铆接，铆缝严密，不漏气体、液体，属于刚性连接，在航空航天设备中应用较多。

(a) 剪刀和钳子　　　　　　　　　　　(b) 角尺和桥梁建筑

图 3-54　铆接的分类

铆钉始于工业建筑范畴，用于各种材质的铆接场合。例如世界闻名的埃菲尔铁塔共用了 250 万只铆钉，而著名的自由女神整座铜像以 30 万只铆钉装配固定在支架上，均表现出气势宏伟的壮观。由于铆接工艺简单并且牢固，在我们的日常生活中，铆接被广泛应用于各类产品设计。尤其是铆接在服装中用途极大，从男装到女装，从手袋、鞋子等服饰品到夹克，铆钉可谓无处不在（图 3-55）。

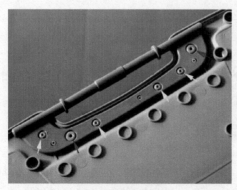

(a) 铆接结构　　　　　　　　　　(b) 铆钉在时尚服饰中的应用

图 3-55　铆接应用实例

4．粘接

粘接就是借助胶黏剂将同种或不同种的材料或零件联接在一起。

粘接的对象可以是各种金属或非金属材料或零件。粘接剂的种类有很多，包括各种有机物和无机物。

粘接工艺材料利用率高，组件外观平整光滑，适用范围广，操作简单。而且能满足密封、防锈、绝缘、透明等特殊工艺要求。但是其耐老化和耐酸碱性能差，对温度变化敏感，对工艺控制要求高。

由于粘接的对象可以是各种金属或非金属材料或零件，并且强度高、成本低、质量轻，粘接的应用越来越广（图3-56）。

(a) 直升机旋翼片的粘接　　　(b) 汽车车窗　　　(c) 电子元件制造　　　(d) 木材的粘接

图3-56　粘接的应用

5．静联接的综合应用

"建筑是人类居住的机器"，它应该给予人安全、舒适的感觉。有些为建筑工地的工人准备的住所需要形式灵活、方便组装和拆卸，随时转移到下一个工地去。活动板房就应运而生。

活动板房的种类多样，有豪华型、美观型、经济实用型等，安装迁移方便，适合多种场所，如售楼处、建筑工地办公楼、工人宿舍、食堂、工业厂房、仓库、沿街店面、外来务工人员住所等。活动板房的最大优点是耐久实用，抗风抗振能力强，具有很高的防火性能，而且拆装便捷：房屋可多次拆装，重复使用，安装过程只需要简单工具。由于产品的灵活性和建筑本身的复杂性，使得活动板房中采用了多种连接结构：混凝土粘接、金属铆接、焊接、螺纹连接等（图3-57）。

图3-57　活动板房

3.3.4　杆件与桁架

3.3.4.1　杆件

在工程实际中，把长度远大于横截面尺寸的构件叫杆件。它是建筑力学中的主要研究对象。杆件在外载荷的作用下可能会发生尺寸和形状的变化，称为变形。当外载荷超过一定限度时，杆件将被破坏。

工程上将承受拉伸的杆件统称为拉杆，将承受压缩的杆件统称为压杆或柱，将承受扭转的杆件统称为轴，将承受弯曲的杆件统称为梁。杆件的基本变形有以下四种。

（1）轴向拉伸或压缩：这类变形是由大小相等、方向相反、力的作用线与杆件轴线重合的一对力引起的。在变形上表现为杆件长度的伸长或缩短。杆件的拉伸与压缩常见于房屋桥梁的工程项目中（图 3-58）。

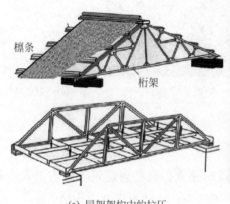

(a) 屋架架构中的拉压　　　(b) 塔式结构中的拉压杆　　　(c) 桥梁结构中的拉压杆

图 3-58　杆件的拉伸与压缩在工程项目中的应用

（2）剪切：这类变形是由大小相等、方向相反、力的作用线相互平行的力引起的。在变形上表现为受剪杆件的两部分沿外力作用方向发生相对错动。

（3）扭转：这类变形是由大小相等、方向相反、作用面都垂直于杆轴的两个力偶引起的。表现为杆件上的任意两个截面发生绕轴线的相对转动（图 3-59）。

(a) 对称扳手拧紧螺帽　　　(b) 汽车传动轴

图 3-59　杆件的扭转

（4）弯曲：这类变形由垂直于杆件轴线的横向力，或由包含杆件轴线在内的纵向平面的一对大小相等、方向相反的力偶引起，表现为杆件轴线由直线变成曲线。

3.3.4.2　桁架

桁架是指由直杆在杆端通过焊接或铆接相互连接而组成的以抗弯为主的格构式结构。它在受力后几何形状不变。桁架中杆件的铰链接头称为节点。桁架有三方面的优点，一是由于杆件主要承受拉力或压力，可以充分发挥材料的作用，减轻结构的重量；二是可使用小构件，应用起来更加方便；三是桁架体型的多样化，这在后面会详细列出。

桁架中的杆件大多只承受轴向力，材料性能发挥较好，特别适用于跨度或高度较大的结构。如高压输电线塔、水利工程的闸门、塔式起重机的塔身、铁路桥梁的两侧结构等（图3-60）。

桁架根据空间形式的不同可分为平面桁架和空间桁架两大类。组成桁架的所有杆件都在同一平面内的称为平面桁架，如网架和塔架，其常见外形如图3-61（a）所示；空间桁架则是由若干个平面桁架组成的，如屋架、吊车桁架、钢栈桥等，如图3-61（b）所示。

图 3-60　桁架的受力分析

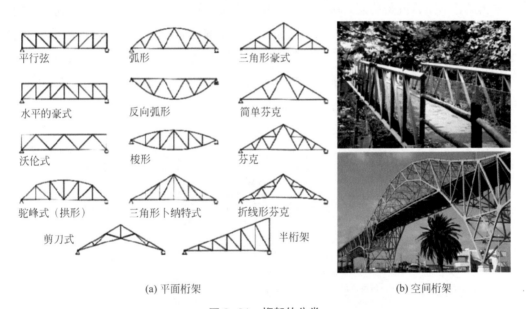

(a) 平面桁架　　　　　　　　　　(b) 空间桁架

图 3-61　桁架的分类

组成桁架的材料主要有木材、钢材、钢筋混凝土。其中木桁架使用榫接，用于建筑工程中；钢桁架则通过铆接、焊接、螺栓连接的方式用于桥梁工程中；钢筋混凝土桁架多使用刚接形式（图3-62）。

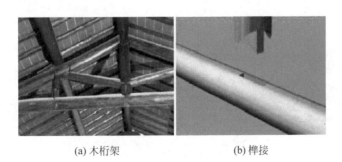

(a) 木桁架　　　　　　　　　　(b) 榫接

图 3-62　桁架的联接形式

(c) 铆接　　　　　　　(d) 焊接　　　　　　　(e) 刚接

图 3-62（续）

位于芝加哥的约翰·汉考克中心（John Hancock Center）可以算是 20 世纪建筑艺术的里程碑，兴起于美国的摩天大楼取代了哥特式教堂的尖顶，成为人类最接近上帝的居所，从而被称为"21 世纪的教堂"。

建成于 1969 年的约翰·汉考克中心是 SOM 创新国际式风格设计的代表作。位于芝加哥，犹如"被无限拉高的金字塔"，呈锥形，主要以均匀的未经过装饰的几何图形、宽敞的室内环境，以及使用玻璃、钢铁和钢筋混凝土为其主要特征。借助三面的锥体设计，使所有倾斜度对角线全部与建筑呈圆筒状的中心对准，有效地阻挡四面八方的强风。

直冲云霄的楔形结构既是功能需求使然，又是结构要求使然。这种造型不仅有利于结构稳定性，还有利于有效使用空间；外立面清晰可见的 X 形支撑极具美学特色，不仅是其内在力学性质的外显特征，也是建筑塑造形象的外在要素。斜撑和角柱相联接的机构楼板看起来非常简洁并且十分有效，这种创造性结构体系用钢量是传统内柱系统的一半；钢结构外罩黑色铝板，窗户为古铜色防眩光玻璃及古铜色铝窗框，基座与大堂以凝灰岩大理石饰面（图 3-63）。

图 3-63　约翰·汉考克中心

3.3.5 钣金设计

钣金（platemetal），也称扳金，一般是将一些金属薄板通过手工或模具冲压使其产生塑性变形，形成所希望的形状和尺寸，并可进一步通过焊接或少量的机械加工形成更复杂的零件。钣金是针对金属薄板（通常在6mm以下）的一种综合冷加工工艺，包括剪、冲/切/复合、折、焊接、铆接、拼接、成型（如汽车车身）等。

钣金件就是在加工过程中厚度不变的薄板五金零件，也就是可以通过冲压、弯曲、拉伸等手段来加工的零件，比如家庭中常用的烟囱、铁皮炉、不锈钢做的一些橱具，还有汽车外壳都是钣金件。

钣金具有质量轻、强度高、导电（能够用于电磁屏蔽）、成本低、大规模量产性能好等特点，目前在电子电器、通信、汽车工业、医疗器械等领域得到了广泛应用，例如在计算机机箱、手机、MP3中，钣金是必不可少的组成部分。随着钣金的应用越来越广泛，钣金件的设计变成了产品设计与开发过程中很重要的一环，产品设计师必须熟练掌握钣金件的设计技巧，使得设计的钣金既满足产品的功能和外观等要求，又能使得冲压模具制造简单、成本低廉。

目前的3D软件中，SolidWorks、UG、Pro/E、SolidEdge、TopSolid、CATIA等都有钣金件一项，产品设计师可以通过对3D图形的编辑而得到钣金件加工所需的数据（如展开图、折弯线等）（图3-64）。

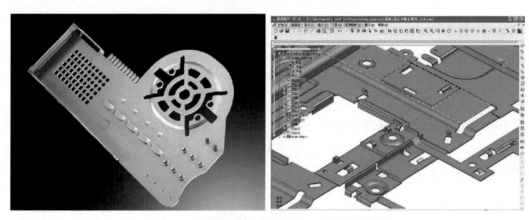

图3-64　基于CAD技术的钣金件设计与制造

适合于冲压加工的钣金材料非常多，广泛应用于电子电器行业的钣金材料包括：

（1）普通冷轧板（SPCC），在使用时表面要喷漆、电镀或者其他防护。

（2）镀锌钢板（SECC），目前计算机机箱普遍使用SECC。

（3）热浸镀锌钢板（SGCC），材料硬度高，不易变形，适合做较大件产品。

（4）不锈钢SUS301和不锈钢SUS304，SUS301弹性较好，多用于弹片弹簧以及防电磁干扰；而SUS304是使用最广泛的不锈钢之一，耐蚀性、耐热性好，没有弹性。

3.4 通用零部件

像螺栓、铆钉、轴承这样一些零部件，各种各样的产品上可能都需要它。这种重复出现度极高的零部件称为通用零部件。一般可按行业制定的型号标准而单独生产，从而满足大多数产品制造、维修和更换的需要。那些用来实现产品主要特征功能的通用零部件，也称为重要通用零部件。

经过标准化的通用零部件有很多，其中应用比较广泛的主要有轴和轴毂联接、轴承、联轴器和离合器、弹簧等。

3.4.1 轴

轴是组成机器的重要零件之一，常用于支撑转动的机械零件（如齿轮、带轮、链轮、凸轮等）。根据受力情况，轴可以分为三种：转轴、传动轴和心轴。转轴是最常用的一种轴，在工作时其自身旋转，同时承受弯矩和转矩，图 3-65（a）中翻盖手机和笔记本电脑上运用的就是转轴；传动轴工作时只承受转矩，基本不承受弯矩或只承受很小的弯矩；而心轴只起支承作用，即只承受弯矩，自行车上的轴就是心轴，如图 3-65（c）所示。

(a) 转轴　　　　　　　　　　　　　(b) 传动轴　　　　　　　　　　(c) 心轴

图 3-65　基于受力不同的轴的分类

根据轴的几何形状，轴可以分为直轴、曲轴和软轴（挠性轴）。

直轴的轴线是一条直线，我们平时接触到的轴绝大多数都是直轴。曲轴用于实现往复运动和旋转运动的交换，在内燃机、压缩机上应用较多。软轴（挠性轴）也叫钢丝软轴，其轴线可以弯曲，同时能灵活地传递运动和动力（图 3-66）。

在实际的设计和生产中，在满足强度的条件下，应当节约材料，减轻轴的质量，使轴的结构尽量简单，以便加工制造和保证零件的精度。由于轴破坏失效形式主要是疲劳破坏，因此轴常用碳钢和合金钢等抗疲劳强度较高的材料。

(a) 直轴　　　　　　　　　　　　(b) 曲轴　　　　　　　　　　(c) 软轴（挠性轴）

图 3-66　基于几何形状的轴的分类

3.4.2 轴毂联接

轴毂联接的主要功能是使轴与轴上的零件作圆周方向的固定以传递力矩。轴毂联接的主要形式有键联接、花键联接和过盈联接。

键联接是通过键实现轴和轴上零件间的周向固定以传递运动和转矩。键联接的种类包括平键、半圆键和楔键。按照用途不同，平键可分为普通平键、导向平键和滑键三种，其中普通平键用于静联接，导向平键用于移动距离较小的动联接，滑键用于移动距离较大的动联接。半圆键是一种静联接，主要用于轴的锥形轴端和轻载时。楔键也是一种静联接，适用于荷载平稳和低速、定心精度要求不高的场合（图 3-67）。

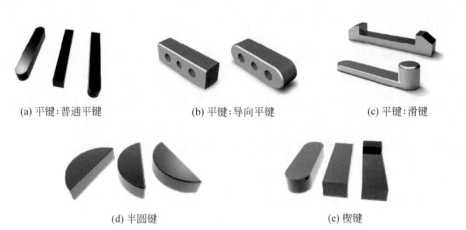

(a) 平键:普通平键　　　　　(b) 平键:导向平键　　　　　(c) 平键:滑键

(d) 半圆键　　　　　　　　　(e) 楔键

图 3-67　键联接的分类

花键联接由内花键和外花键组成，既可以作静联接，又可以作动联接，适用于定心精度要求高、传递转矩大或经常滑移的联接。根据齿形的不同，花键联接可分为矩形花键、渐开线花键和三角花键三种（图 3-68）。

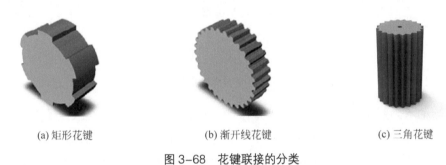

(a) 矩形花键　　　　　　　(b) 渐开线花键　　　　　　(c) 三角花键

图 3-68　花键联接的分类

过盈联接是利用包容件和被包容件之间的过盈配合实现的静联接。其结构简单，定心性较好，承载力高，但不适用于经常拆装的场合。

3.4.3　轴承

轴承用于支承轴颈的部件以及轴上的回转零件，并保持轴的旋转精度及减少轴与支承之间的摩擦和磨损。

根据轴承工作时的摩擦性质，轴承可以分为滑动轴承和滚动轴承两大类。滑动轴承适用于高速、高精度、重载以及结构上要求轴承分析的场合。而滚动轴承阻力小，启动灵敏，效率高，润滑简便，易于更换（图 3-69）。

(a) 滑动轴承　　　　　　　　　　　　(b) 滚动轴承

图 3-69　轴承

3.4.3.1 滑动轴承

滑动摩擦下工作的轴承叫滑动轴承。滑动轴承具有工作平稳、可靠、无噪声等优点。它主要应用于转速特别高和载荷特别大的场合，还可以用于承受较大冲击、振动或者径向空间比较小的场合。另外，滑动轴承应用的特殊场合有：特殊的支承场合（如曲轴）、特殊的使用场合（如水下、有腐蚀的场合）等。

滑动轴承的种类有很多，下面介绍几种常见的滑动轴承。对开式滑动轴承：轴承盖用螺栓适度压紧轴瓦，不需要紧钉螺钉就可以使轴瓦不在轴承孔中转动。整体式滑动轴承：结构简单，成本低廉；但是只能沿轴向装入或拆出，因磨损而造成的间隙无法调整。推力滑动轴承：止推面可以利用轴的端面，或在轴的中段做出凸肩或装上止推圆盘（图 3-70）。

(a) 对开式滑动轴承　　　　(b) 整体式滑动轴承　　　　(c) 推力滑动轴承

图 3-70　几种常见的滑动轴承

汽车差速器轴承为圆锥止推轴承，位于差速器壳左、右两侧，安装在减速器壳承座孔上。汽车在直线行驶时，左右车轮转速几乎相同，而在转弯时，左右车轮转速不同，差速器的作用是承受并传递差速器和减速器的驱动力，并减小传动摩擦阻力，提高传动效能和可靠性，从而实现左右车轮转速的自动调节，即允许左右车轮以不同的转速旋转（图 3-71）。

1—差速器轴承；2,8—差速器壳体；
3,5—调整垫片；4—半轴齿轮；
6—行星齿轮；7—主减速器从动锥齿轮；
9—行星齿轮轴；10—螺栓

(a) 差速器结构图　　　　　　(b) 汽车差速器

图 3-71　汽车差速器

离合器分离轴承安装于离合器与变速器之间，分离轴承座松套在变速器第一轴轴承盖的管状延伸部分上，通过回位弹簧使分离轴承的凸肩始终抵住分离叉，并退至最后位置，与分离杠杆端部保持 3~4 mm 的间隙。分离轴承保证了离合器能够接合平顺，分离柔和，减少磨损，延长离合器和整个传动系统的使用寿命（图 3-72）。

3.4.3.2 滚动轴承

滚动轴承支承转动的轴及轴上零件，并保持轴的正常工作位置和旋转精度。与滑动轴承比较，

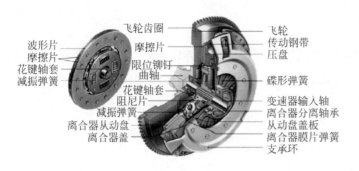 

图 3-72 离合器分离轴承

滚动轴承的摩擦阻力小，启动灵活，效率高，润滑简便，互换性好；但是径向尺寸较大，减振能力较差，高速时寿命低，声响较大。

按照承载方向，滚动轴承分为向心轴承（径向轴承）、推力轴承和向心推力轴承。向心轴承主要承受径向载荷，推力轴承只能承受轴向载荷，而向心推力轴承可以同时承受径向和轴向载荷。按照滚动体形状，滚动轴承又可分为球轴承和滚子轴承两大类（图 3-73）。

(a) 滚子轴承　　　　　　　　(b) 球轴承

图 3-73 滚动轴承

在设计和使用时，滚动轴承的选择主要根据载荷的大小、方向和性质，转速高低及使用要求来进行。载荷方向决定了所要使用的轴承大类。载荷大时往往采用滚子轴承。根据轴的不同心度和轴的变形大小，可选用同心轴承。经济性也是选择的一个重要因素，轴承精度等级越高，价格也越高。

汽车轮毂轴承属于滚动轴承。如图 3-74 所示，汽车轮毂轴承的主要作用是承重和为轮毂的转动提供精确引导，它既承受轴向荷载又承受径向荷载，是一个非常重要的零部件。轿车的轮毂轴承过去最多的是成对使用单列圆锥滚子或球轴承。随着技术的发展，目前已经广泛使用轿车轮毂单元。

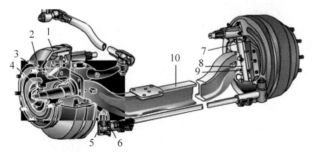 

1—制动鼓；2—轮毂；3、4—轮毂轴承；5—转向节；6—油封；
7—衬套；8—主销；9—滚子止推轴承；10—前轴

图 3-74 汽车轮毂轴承

105

3.4.4 联轴器和离合器

联轴器和离合器主要用于轴与轴的联接，以便传递旋转运动和旋转扭矩。二者的区别在于：联轴器只能在机器停车后才能将两轴联接或分离；而离合器可以在机器运转的状态下将两轴联接或分离。

3.4.4.1 联轴器

联轴器是用来联接不同机构中的两根轴，使之共同旋转以传递扭矩的机械零件。联轴器由两半部分组成，分别与主动轴和从动轴联接。

联轴器的种类繁多，使用时依照马达的种类、用途及使用环境选择最合适的联轴器。下面介绍几种常见的联轴器。凸缘联轴器：结构简单，能传递较大扭矩，但要求两轴严格对中。齿轮联轴器：结构复杂，能传递很大的扭矩，补偿适量综合位移。万向联轴器（十字铰链联轴器）：单个万向联轴器两轴的瞬时速度并不总是相等（图3-75）。

(a) 凸缘联轴器　　　　　　(b) 齿轮联轴器　　　　　　(c) 万向联轴器

图 3-75　常见的联轴器

联轴器主要用于轴与轴的联接，以便传递旋转运动和旋转扭矩。一般动力机大都借助于联轴器与工作机相联接。如图3-76所示，联接矫直机和齿轮箱的即为万向联轴器。

图 3-76　万向联轴器用于联接矫直机与齿轮箱

3.4.4.2 离合器

所谓离合器，顾名思义就是说利用"离"与"合"来传递适量的动力。它用于需要经常切断和结合两轴的驱动关系处。

离合器一般分为电磁离合器、磁粉离合器、摩擦式离合器和液力离合器四种。电磁离合器是靠线圈的通断电来控制离合器的接合与分离。磁粉离合器可通过调节电流来调节转矩，允许较大滑差；但是较大滑差时温升较大，相对价格高。摩擦式离合器是应用最广也是历史最久的一类离合器（图 3-77）。液力离合器由泵轮、蜗轮、导轮组成，以液压油（ATF）为工作介质，起传递转矩、变矩、变速等作用。

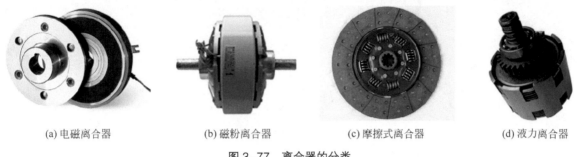

(a) 电磁离合器　　　　(b) 磁粉离合器　　　　(c) 摩擦式离合器　　　　(d) 液力离合器

图 3-77　离合器的分类

离合器位于发动机与变速器之间，是汽车传动系统中直接与发动机相联系的部件，也可以说是发动机与变速器动力传递的"开关"，它是一种既能传递动力，又能切断动力的传动机构。离合器的主要作用有三点：① 保证汽车能平稳起步；② 变速换挡时减轻变速齿轮的冲击载荷；③ 防止转动系过载（图 3-78）。

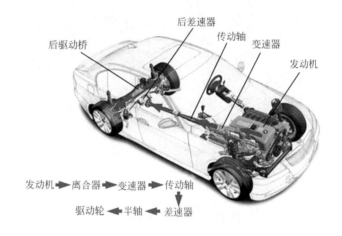

图 3-78　汽车离合器

3.4.5　弹簧

弹簧是靠其弹性变形来工作的通用机械零件。其作用主要是用来控制机构的位置和运动、缓冲及吸振、储存能量和测量力与力矩。

弹簧有很多种类。按性质不同，分为压缩弹簧、拉伸弹簧、扭转弹簧和弯曲弹簧。按外形可以划分为螺旋弹簧、碟形簧、环形簧、盘弹簧和板簧（图 3-79）。

悬挂系统是汽车的车架与车桥或车轮之间的一切传力连接装置的总称，其作用是传递作用在车轮和车架之间的力和力矩，并且缓冲由不平路面传给车架或车身的冲击力，并衰减由此引起的振动，以保证汽车能平顺地行驶。悬挂系统是汽车中的一个重要组成部分，它把车架与车轮弹性地联系起来，关系到汽车的多种使用性能。

如图 3-80 所示，典型的悬挂系统结构由弹性元件、导向机构以及减震器等组成，个别结构则还有缓冲块、横向稳定杆等。弹性元件又有钢板弹簧、空气弹簧、螺旋弹簧以及扭杆弹簧等形式，而

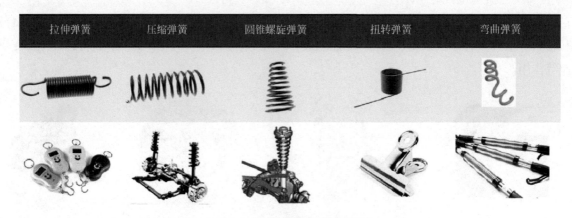

| 拉伸弹簧 | 压缩弹簧 | 圆锥螺旋弹簧 | 扭转弹簧 | 弯曲弹簧 |

图 3-79 弹簧的分类及应用

现代轿车悬挂系统多采用螺旋弹簧和扭杆弹簧，个别高级轿车则使用空气弹簧。

图 3-80 汽车悬挂系统

课题 3 动手实验——折纸的受力分析

实验题目：

自己动手制作纸质书架，体验结构对产品强度变化的影响，获得对结构的感性及理性认识。

实验步骤：

（1）选择规定的材料（纸/纸板/蜂窝纸等），准备必要的辅助料（胶水、尺笔、裁纸刀、胶带、扳子、改锥等五金工具）。可以适当选购塑料或金属通用零部件，如螺栓、钉子等。

（2）收集相关资料，运用本章所学的知识和原理，对材料可能的结构进行评估。

（3）结构小样模型制作。至少完成 3 个小模型。

（4）小样模型承受测试。

（5）选择最优模型，制作 1：1 最终结构模型。

（6）细节精修，完成具有最强承重力的纸质书架。

实验测评标准：

（1）书架的承重能力，越重得分越高。可以往书架上放书、站人等。

（2）审美效果。新颖、独特、完整、精致。可以以其他同学的口评为参考。

通过该实验，学生将在材料性能、结构构造、使用功能方面有比较切实的理解和认识。

　　注意:有资料表明,目前已有的纸质书架综合承重能力达到 50kg,甚至可坐体重 80kg 的人。那么,你的纸质书架的承重能力是多少呢?

第 4 章　脱胎换骨——模具

模具号称"百业之母"、"工业之父"，它的质量和先进程度，直接影响产品的质量、产量、成本，并影响新产品投产周期、企业产品结构调整速度与市场竞争力。目前，模具生产的工艺水平及科技含量的高低，已成为衡量一个国家科技与产品制造水平的重要标志之一，决定着一个国家制造业的国际竞争力。

4.1　不装菜的篮子——模具的定义及功能

4.1.1　模具的定义

模具是现代工业生产的重要工艺基础设备，是工业生产上用注塑、吹塑、挤出、压铸或锻压成型、冶炼、冲压、拉伸等方法得到所需产品的各种模子和工具。利用模具成型技术可以把金属、非金属制造成任意几何形状并具有一定尺寸精度的各种零件。

由于模具成型技术的优越性和极高的生产率，其广泛应用于机械、汽车、电子、轻工、化工、冶金、建材等行业。据统计，在电子、汽车、电机、电器、仪器、仪表家电和通信等产品中，60% ~ 80% 的零部件都要依靠模具成型（图4-1）。

图4-1　数以千计的零件组成一台汽车（图片来源：http://wallbase.cc/search）

4.1.2 模具的发展历史

1. 模具的早期发展

模具的出现可以追溯到几千年前的陶器和青铜器铸造，约在公元前1700～公元前1000年之间，中国就已进入青铜铸件的全盛期，工艺上已达到相当高的水平。

青铜是铅、铜和锡的合金，一件铜器的制作大致包括采矿、冶炼、合金配制、制范、浇铸与后期处理等程序，其中的制范就是模具的制作。早期的铸件大多是农业生产、宗教、生活等方面的工具或用具，艺术色彩浓厚，且铸造工艺与制陶工艺并行发展，受陶器的影响很大（图4-2、图4-3）。

(a) 大泉五十全范　　　　　　　　(b) 古钱币

图4-2 古代钱币模具及钱币

图4-3 古代铸造技术的典范——中国商朝重875kg的后母戊鼎

2. 工业发展带动模具发展

18世纪工业革命以后，模具进入了为大工业服务的新时期。蒸汽机、纺织机和铁路等工业的兴起，使铸造技术有了很大的发展，此外军火工业、钟表工业、无线电工业蓬勃发展，冲压模具被广泛使用。

20世纪初，模具得到了迅速的发展，其重要因素之一是产品技术的进步，对于零件各种机械物理性能的要求提高，同时仍要具有良好的机械加工性能；另一个原因是机械工业本身和其他工业如化工、仪表等的发展，给模具业创造了有利的物质条件。

从1955年到1965年，是压力加工的探索和开发时代，对模具主要零部件的机能和受力状态进行了数学分析，并把这些知识不断应用于现场实际，使得冲压技术在各方面有了飞跃的发展。

20世纪70年代是向高速化、自动化、精密化、安全化发展的第二阶段。在这个过程中不断涌现出各种高效率、高寿命、高精度、多功能自动校具。在此期间，为了适应产品更新快、周期短，如汽车改型、玩具翻新等的需要，各种经济型模具，如锌合金模具、聚氨酯橡胶模具、钢皮冲模等也得到了很大发展。

3．近代模具产业的新变化

从20世纪70年代中期至今，是计算机辅助设计、辅助制造技术不断发展的时代。随着计算机与数控加工设备的发展，计算机辅助技术逐步应用到模具生产的各个环节，包括设计、制造、检测及管理等。CAD／CAM／CAE从20世纪50年代问世到80年代，已发展成为一个强大的新兴行业，由于它可以缩短设计时间，节省制图工作量，减少预算工作时间，提高工作效率，降低成本，因而被看作模具技术的发展趋势，引起制造业一轮新的技术革新。

在国外，模具的设计和结构除广泛应用计算机辅助设计外，还采用热管和热流道等新技术。美、日、英、法、德等国家，从20世纪70年代中期开始在模具上应用热管技术，使成型周期缩短30%以上。因其省力、省料、省地方、生产率高、成本低，适于自动化生产线，美国有一半以上的塑料模具采用热流道设计结构（图4-4）。

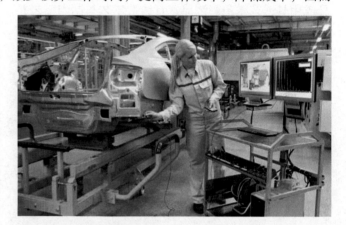

图4-4 利用计算机传感器检测汽车车身的焊接点

4.2 从流动态到固定态的支架——模具设计的要点

4.2.1 模具的分类

模具种类很多，根据加工对象和加工工艺可分为：

（1）加工金属的模具。包括冲压模具（如冲裁模具、弯曲模具、拉伸模具、翻孔模具、缩孔模具、起伏模具、胀形模具、整形模具等）、锻造模具（如模锻模、镦锻模等）、挤压模具、挤出模具和压铸模具等。

（2）加工非金属和粉末冶金的模具。包括塑料模具（如注射模、压塑模和挤塑模等）、陶瓷模具、橡胶模具和粉末冶金模具等。

4.2.2 金属材料成型模具

金属材料的成型方法很多，在成型过程中会用到各种各样的模具，例如锻造模具、冲压模具、压铸模具和粉末冶金模具等，其中金属塑性成型的模具最有代表性。不同的金属塑性变形工艺需要不同的模具，以下分述典型锻造模具、板料冲压模具和铸造模具。

4.2.2.1 锻造模具

1．模锻模具简介

锻造模具，即利用冲床做动力源，把上下模具固定在冲床上，将坯料烧到一定温度后，放到模具里进行锻打，利用模子的约束力使坯料产生明显塑性变形，并充填整个模穴而得到所需的形状，也叫模锻。锻模内用于金属变形的空腔称为模膛。上下模通过燕尾和楔铁分别紧固在锤头和模垫上，合在一起在内部形成完整的模膛（图4-5）。

通过锻造，不仅可以得到机械零件的形状，而且能改善金属内部组织，提高金属的机械性能和物理性能。一般对受力大、要求高的重要机械零件，大多采用锻造生产方法制造。如汽轮发电机轴、转子、叶轮、叶片、护环、大型水压机立柱、高压缸、轧钢机轧辊、内燃机曲轴、连杆、齿轮、轴承，以及国防工业方面的火炮等重要零件，均采用锻造生产。

在相同尺寸相同强度下，锻造轮毂质量更轻（图4-6），造型设计的自由度比较高，制造成本相对高昂，基本用在高档车上。

图4-5 打铁——最原始的锻造工艺

图4-6 锻造轮毂

2．模锻分类

根据所采用锻压设备以及锻造成型方式的不同，可以将模锻分为锤上模锻、曲柄压力机模锻、平锻机模锻等。其中使用蒸气-空气锤设备的锤上模锻是应用最广泛的一种模锻方法。

1）锤上模锻

锤上模锻是在自由锻基础上最早发展起来的一种模锻生产方法，即在模锻锤上的模锻。它将上、下模块分别固紧在锤头与砧座上，将加热透的金属坯料放入下模型腔中，借助于上模向下的冲击作用，迫使金属在锻模型槽中塑性流动和填充，从而获得与型腔形状一致的锻件。模膛的形状要与锻件的变形工艺相适应，坯料通常要经过若干制坯工序逐渐成型，为此在锻模上设有相应的多个模膛。锻造时，先将坯料加热到始锻温度，再由人工将锻坯按工序移置于相应的模膛中，接受锻锤依次打击，并在终锻模膛中最后成型（图4-7~图4-9）。

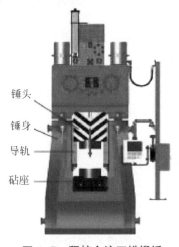

图4-7 程控全液压模锻锤

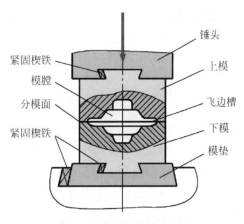

图4-8 锤上模锻示意图

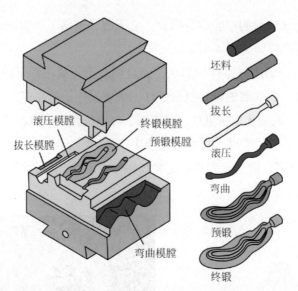

图 4-9　典型锤上模锻工序示意图

　　锤上模锻的锤击力大小和锤击频率可自由控制和变换，适于完成各种长轴类锻件和短轴类锻件的模锻，如发动机连杆、曲轴、汽车万向节、前梁和各种齿轮。在各种模锻方法中，锤上模锻设备结构简单、造价低、操作简单、使用灵活，具有较好的适应性，是我国当前模锻生产中应用最多的一种锻造方法，目前广泛应用于汽车、船用及航空锻件的生产。

　　2）曲柄压力机模锻

　　曲柄压力机模锻是一种比较先进的模锻方法。与锤上模锻相比，曲柄压力机的锻造力是压力，坯料的变形速度较低，可锻造较低塑性合金。锻造时滑块的行程不变，每个变形工步在一次行程中即可完成，便于实现机械化和自动化，具有很高的生产效率。此外，滑块运动精度高，使模锻斜度、加工余量、锻造公差减小，锻造精度比锤上模锻高，振动和噪声较小（图 4-10、图 4-11）。

图 4-10　热模锻曲柄压力机

图 4-11　锻件：法兰

　　3）平锻机模锻

　　平锻机是曲柄压力机的一种，沿水平方向对坯料施加锻造压力，又称卧式锻造机。按照分模面的位置可分为垂直分模平锻机和水平分模平锻机。

　　平锻机模锻的坯料都是棒料或管材，坯料长度几乎不受限制，并且支持局部（一端）加热和局部变形加工，因此可锻造立式锻压设备上不能锻造的某些长杆类锻件。锻模有两个分模面，锻件出模方便，可以锻出在其他设备上难以完成的不同方向上有凸台或凹槽的锻件。平锻机模锻是一种高效率、高质量、容易实现机械化的锻造方法，但设备结构复杂，价格较贵，适用于大批量生产（图4-12～图4-14）。

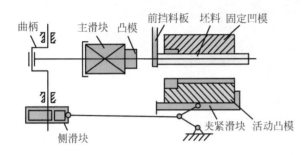

图4-13　平锻机模锻

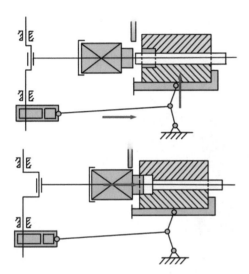

图4-12　平断机模锻工作原理示意图

图4-14　平锻机模锻：前刹车凸轮与半轴

4.2.2.2　冲压模具

1．冲压模具简介

冲压，在室温下利用安装在压力机上的模具对材料施加压力，使其产生分离或塑性变形，从而获得所需零件的一种压力加工方法。在冷冲压加工中，将材料（金属或非金属）加工成零件（或半成品）所需的特殊工艺装备，称为冷冲压模具（俗称冷冲模）。

冲压模具是实现冲压工艺的专用装备，是技术密集型产品。冲压件的质量、生产效率以及生产成本等，与模具设计和制造有直接关系（图4-15）。

图4-15　汽车冲压件

2．冲压模具的分类

冲压模具根据工艺性质可以分为冲裁模具、弯曲模具和拉伸模具等。

1）冲裁模具

冲裁可以高效地生产二维形状的工件。冲裁中使用的模具叫冲裁模，冲裁件在随后的操作中被

115

另一个模具成型。冲裁模通常是成型一个完整的工件的一系列模具中的第一个（图 4-16）。

图 4-16 冲压模具及冲压件

常用的冲裁模种类繁多，但生产中按工序组合通常可分为简单冲模、连续冲模和复合冲模三类
（图 4-17 ~ 图 4-19）。

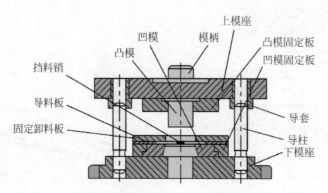

图 4-17 简单冲模示意图：一次冲压行程只完成一道工序

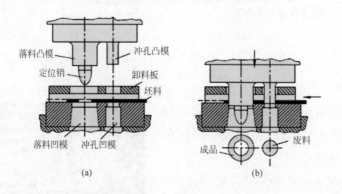

(a)   (b)

图 4-18 连续冲模示意图：一次冲压行程同时完成多道工序

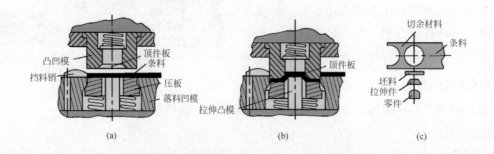

(a)   (b)   (c)

图 4-19 复合冲模示意图：一个冲压行程上同时完成多道冲压工序

2）弯曲模具

弯曲模具的结构与一般冲裁模具相似，分上、下两个部分。它由凸模、凹模、定位块、卸料、导向及紧固件等组成。除凸、凹模等一般动作外，弯曲模具还可以作摆动、转动等动作。弯曲模的类型很多,根据弯曲件的形状特征常可分为单角弯曲模、双角弯曲模、多角弯曲模等(图 4-20、图 4-21)。

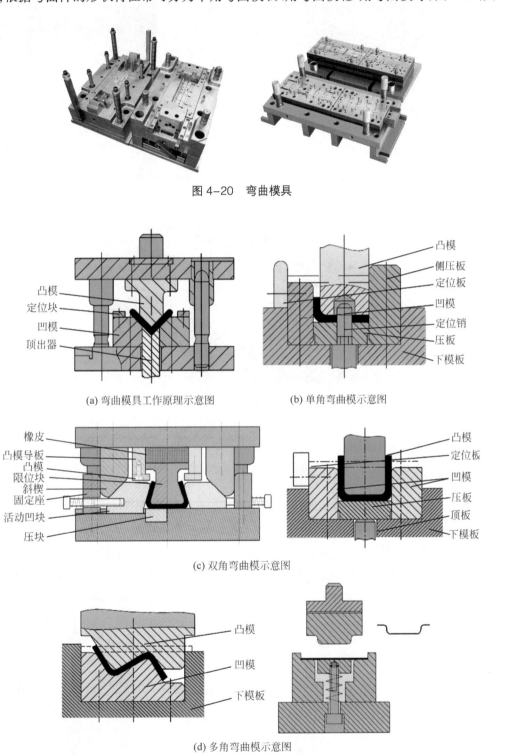

图 4-20 弯曲模具

(a) 弯曲模具工作原理示意图

(b) 单角弯曲模示意图

(c) 双角弯曲模示意图

(d) 多角弯曲模示意图

图 4-21 弯曲模具及分类

3）拉伸模具

拉伸所使用的模具叫拉伸模具。拉伸模具结构相对较简单，与冲裁模具相比，工作部分有较大的圆角，表面质量要求高，凸、凹模间隙略大于板料厚度（图 4-22～图 4-24）。

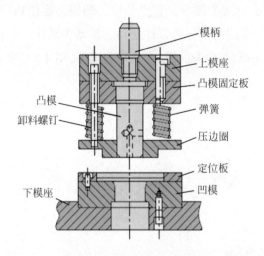

图 4-22　拉伸模具示意图

图 4-23　拉伸模具设备

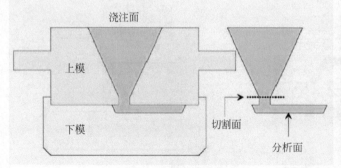

图 4-24　通过拉伸模具成型的厨房洗菜盆

4.2.2.3　铸造模具

1. 铸造模具简介

为了获得零件的结构外形，将金属熔炼成符合一定要求的液体并浇进铸型里，经冷却凝固、清整处理后得到有预定形状、尺寸和性能的铸件的工艺过程，称为铸造。

铸造也是人类掌握比较早的一种金属热加工工艺，至今已有六千年的历史，铸模成型通常用于制造具有简单几何外形的微型或小型零件，提高成品率和生产效率，节省成本，增加收益（图 4-25）。

图 4-25　铸造模具示意图与常见模具设备

2. 铸造模具分类

铸造模具通常分为普通砂型铸造和特种铸造两大类。

普通砂型铸造利用砂作为铸模材料，又称砂铸、翻砂，包括湿砂型、干砂型和化学硬化砂型三类（图 4-26）。

图 4-26　法拉利发动机的砂型铸造模具及相应铸造成型的发动机缸体零件

特种铸造，按造型材料又可分为两类。一是以天然矿产砂石为主要造型材料的特种铸造，如熔模铸造、泥型铸造、壳型铸造、负压铸造、实型铸造、陶瓷型铸造、消失模铸造等。二是以金属为主要铸型材料的特种铸造，如金属型铸造、压力铸造、连续铸造、低压铸造、离心铸造等。其中以压力铸造最为著名。

压力铸造是一种将熔融合金液倒入压室内，以高速充填钢制模具的型腔，并使合金液在压力下凝固而形成铸件的铸造方法。压铸模的结构由动模与定模构成型腔，用型芯形成铸件的孔腔。金属在型腔内冷却、凝固后抽出型芯，分开模具，由顶杆推出铸件。

压铸是先进的有色合金精密零部件成型技术。用压铸制造的材料，其抗拉强度比普通铸造合金高近一倍，适于制造铝合金汽车轮毂、车架等希望获得更高强度耐冲击特性的制品（图 4-27、图 4-28）。

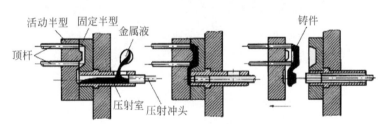

图 4-27　压力铸造工艺示意图

图 4-28　VVT 发动机盖的压铸模具与成品件

4.2.3　塑料成型模具

1．塑料模具简介

随着中国汽车、家电、电子通信以及各种建材的迅速发展，塑料模具占模具总量的比例正在逐步提高。一款普通轿车约需 200 多件内饰件模具，保险杠、仪表盘、油箱、方向盘等的制作都需要大量的塑料模具。

塑料成型模具是塑料成型过程中最常用的装备。根据塑料成型方法的不同，生产中会采用原理和结构特点各不相同的成型模具（图 4-29、图 4-30）。

图 4-29　纯净水水桶的吹塑模具与成品件

图 4-30　塑料注塑成型模具

2．塑料模具的分类

根据塑料成型方法不同，生产中会采用不同原理和结构特点的成型模具。按照成型加工方法的不同，可将塑料成型模具分为注塑成型模具、挤塑成型模具、压塑成型模具、传递成型模具、热成型模具等，其中注塑成型是最常用的方法。

1）注塑成型模具

注塑成型所用的模具叫注塑模具。全世界塑料成型模具中约半数以上为注塑模具。

注塑模具的结构是由塑件结构和注塑机的形式决定的。凡注塑模具，均可分为动模和定模两大部分。注塑时动模与定模闭合构成型腔和浇注系统，开模时动模与定模分离，通过脱模机构推出塑件。定模安装在注塑机的固定模板上，而动模则安装在注塑机的移动模板上。

注塑模具能一次成型外形复杂、尺寸精确、可带有各种金属嵌件的塑料制品，从钟表齿轮到汽车保险杠，除聚四氟乙烯和超高分子量聚乙烯等极少数品种外，几乎所有的热塑性塑料、热固性塑料和弹性体都能用这种方法成型制造。品种之多、花样之繁是任何其他塑料成型方法都无法比拟的（图 4-31）。

图 4-31 汽车前保险杠的注塑成型模具及成品件

2）热成型模具

（1）热成型模具简介

热成型模具，又称真空或压缩空气成型模具，是一类以热塑性塑料片材为原料生产敞口容器形薄壳制品的成型工艺，只有单独的阴模或阳模。

将热塑性塑料板材、片材固定在模具上，用辐射加热器加热到软化温度，用真空泵（空压机）抽取板材与模具之间的空气，借助大气压力使坯材紧贴模具的型面，从而取得与型面相仿的状态，冷却后再用压缩空气脱模，经修整后即成所需制品。

热成型模具受力较小，强度要求不高，甚至可用非金属材料制作。其模具结构简单，能加工大尺寸的薄壁塑件，生产成本低，可用于制造塑料包装盒、餐具盒、罩壳类塑件、冰箱内胆、浴室镜盒等（图 4-32）。

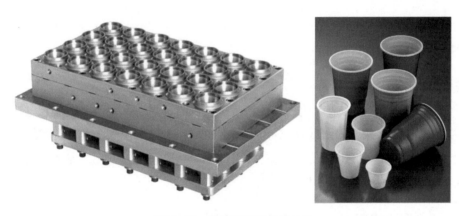

图 4-32 热成型模具与成品件

（2）热成型模具的分类

热成型的工艺方法很多，相应模具结构也各不相同，按成型力分类可分为真空成型、压缩空气成型、真空和压缩空气联合成型和对模压制成型。

阴模真空成型，又名吸塑成型，是使用最广的热成型方法，它的原理是利用一个凹模成型制品（图 4-33）。阳模真空成型是利用一个凸模成型制品（图 4-34）。

预热   抽真空   压缩空气脱模

图 4-33 阴模真空成型（吸塑成型）

气压成型模具与阴模真空成型或阳模真空成型类似，但需将预热片材在原来抽真空的反面围成密闭空间，施以压缩空气，使片材变形紧贴于成型表面（图4-35）。

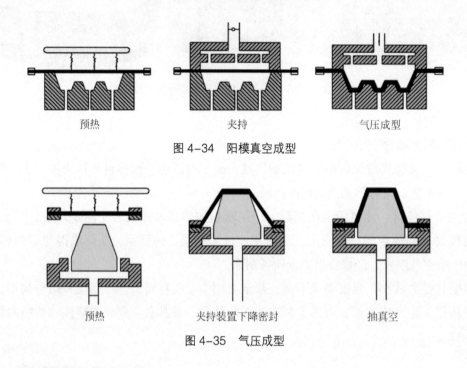

预热　　　　　　夹持　　　　　　气压成型

图 4-34　阳模真空成型

预热　　　夹持装置下降密封　　　抽真空

图 4-35　气压成型

4.2.4　橡胶模具

1. 橡胶模具简介

橡胶模具又称橡胶压模、橡胶硫化模，是用于压制橡胶产品（如轮胎、汽车蓄电池壳、鞋底等）成型的金属模具。一般用钢材按图纸要求经机械加工而制得，并经热处理以提高其硬度及耐磨性。模具型腔与产品结构相同，型腔尺寸必须考虑不同橡胶的收缩率，在产品尺寸基础上进行放大或缩小，方可得到合适的产品尺寸（图4-36、图4-37）。

图 4-36　橡胶轮胎

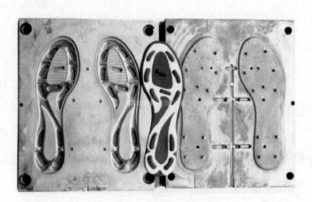

图 4-37　橡胶鞋底模具

2. 橡胶模具分类

橡胶模具品种繁多，十分庞杂。橡胶轮胎模具是橡胶模具中最主要的一种，其专业化、商品化程度和生产集中度都很高，技术含量也很高。自行车、摩托车、汽车、工程机械，直至飞机等一切依靠橡胶轮胎移动的机械，都需要大量的橡胶轮胎模具。

橡胶轮胎模具主要分为子午线轮胎活络模具、两瓣模具、胶囊模和成型鼓四大类。其中子午线轮胎活络模具技术含量最高、难度最大，发展前景也最好（图 4-38）。

图 4-38 橡胶轮胎模具及成品件

4.2.5 陶瓷模具

1877 年，美国用黏土作结合剂制成磨料的陶瓷砂轮，标志着陶瓷模具的诞生。陶瓷模具一般分为结构件陶瓷模具、电子陶瓷模具和工艺陶瓷模具。

陶瓷模具的优点是强度高、硬度高、防潮、耐磨、耐污、耐腐蚀、耐高温、易清洗、变形小、绝缘性好，具有一定的抗急冷急热性能。缺点是脆性大、可塑性差、韧性差、导热性差（图 4-39、图 4-40）。

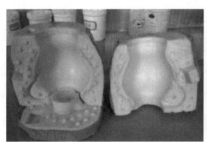

图 4-39 陶瓷模具

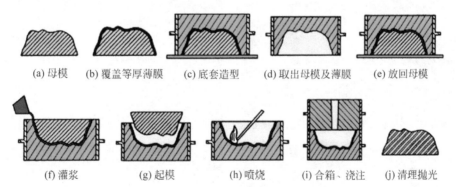

(a) 母模　　(b) 覆盖等厚薄膜　　(c) 底套造型　　(d) 取出母模及薄膜　　(e) 放回母模

(f) 灌浆　　(g) 起模　　(h) 喷烧　　(i) 合箱、浇注　　(j) 清理抛光

图 4-40 陶瓷模具生产流程

4.2.6 石膏模具

石膏模具是最早的也是使用最广泛的一类模具，目前仍然广泛应用于注浆、滚压、旋压等成型

工艺中。在陶瓷生产中的模具一般都采用半水石膏作为制造模具的原料,因石膏模具制造方便、原料丰富、成本低,同时具有很强的复制能力、孔隙大、吸水性好等优点,并有一定的强度,非常适合陶瓷生产(图4-41)。

图4-41 石膏模具

4.3 典型产品模具设计案例

先进模具设计可以实现生产自动化,视频资料请参见燕山大学艺术与设计学院网站 http://art.ysu.edu. cn/info/1034/1385.htm。图4-42 为视频截图信息。

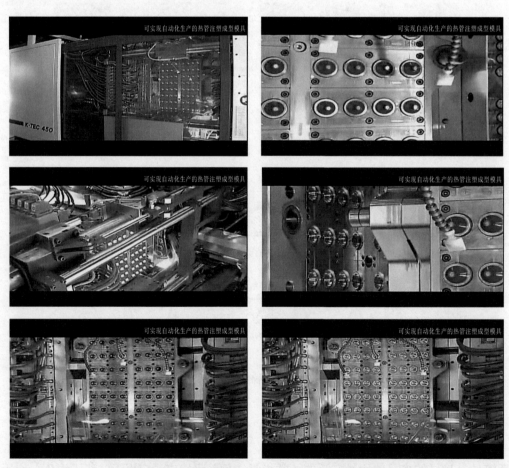

图4-42 可实现自动化生产的热管注塑成型模具

4.4　新技术在模具设计中的应用

科学技术的迅速发展，使许多新材料、新工艺和新技术在产品设计和制造中得到应用。伴随材料和工艺的更新，模具技术也在日新月异地进步和发展。现代模具技术已经成为金属切削加工、物理和化学加工、特种铸造和计算机技术等多元一体的综合技术领域。下面简单介绍几种常见的新型模具和制造技术。

1. 模具 CAD/CAM

模具 CAD/CAM，是以计算机与数控加工设备为硬件手段，系统软件与应用软件为依托，网络与数据管理系统为支撑，实现从产品零件冲压工艺分析—冲压模具结构图纸设计—模具加工工序安排—数控加工程序编制—数控机床加工模具型面—数控检测等全过程的计算机化。

模具设计过程应用计算机进行辅助设计称为模具 CAD，主要由输入输出部分（包括对数据的查询和数据完整性检查）、数据库、程序库（又称方法库，如有限元分析程序包、优化设计程序包等）、应用程序、绘图及人机对话等部分组成。

CAM（计算机辅助制造），即利用计算机及相应的数控加工设备对整个加工过程进行程序化控制、管理和监督。

2. 数控加工与测量设备

数控机床是数字控制机床（computer numerical control machine tools）的简称，这是一种装有程序控制系统的自动化机床。程序控制系统即数控系统，该控制系统能够逻辑地处理具有控制编码或其他符号指令规定的程序，并将其译码，用代码化的数字表示，通过信息载体输入数控装置。经运算处理由数控装置发出各种控制信号，控制机床的动作，按图纸要求的形状和尺寸，自动地将零件加工出来。数控机床较好地解决了复杂、精密、小批量、多品种的零件加工问题，是一种柔性的、高效能的自动化机床，代表了现代机床控制技术的发展方向，是一种典型的机电一体化产品（图 4-43）。

图 4-43　数字控制机床

3. 计算机集成制造系统

计算机集成制造系统（computer integrated manufacturing system，CIMS），是在信息技术自动化技术与制造的基础上，通过计算机技术把分散在产品设计制造过程中各种孤立的自动化子系统有机地集成起来，形成适用于多品种、小批量生产，实现整体效益的集成化和智能化制造系统。

CIMS 作为贯穿全局的一个大系统，根据其内部分工不同，可将其分为以下几个分支系统。

（1）工程信息分集成系统（CAD/CAM），在该系统中，主要进行产品的设计、工艺计划的制定和加工程序的编制。

（2）管理信息分集成系统（MIS），主要进行各种资源管理。

（3）制造分集成系统，该系统是在计算机的控制下，实现对产品的加工。

除了以上三个 CIMS 的应用分集成系统之外，CIMS 还包括数据库和网络分集成系统，以支持从造型、概念设计、产品设计、工艺计划、制造到销售的全面集成。

CIMS 的效益：信息集成可以使产品质量进一步改善，设备利用率提高，管理科学化（如库存控制中的"实时"概念），以及对制造新产品相应灵活（图 4-44）。

图 4-44　波音 777 采用集当代信息技术之大成的系统管理模式 CIMS 系统

4．3D 打印技术

3D 打印技术出现在 20 世纪 90 年代中期，发源于军方的"快速成型"技术，是以计算机三维设计模型为蓝本，通过软件分层离散和数控成型系统，利用激光束、热熔喷嘴等方式将金属粉末、陶瓷粉末、塑料、细胞组织等特殊材料进行逐层堆积黏结，最终叠加成型，制造出实体产品。如今 3D 打印机已经在工业设计、土木工程、机械制造、航空航天、军工装备、医疗产业、珠宝制造、模型制作以及时装、电影、建筑、创意设计等十多个不同的行业和领域得到了应用。

3D 打印技术直接从计算机图形数据中便可生成任何形状的零件，大大降低了制造的复杂度，缩短产品的研制周期，提高生产率和降低生产成本，特别适合新产品的开发和单件小批量零件的生产。在三维打印技术中，原材料只为生产所需要的产品，生产出的零件更加精细轻盈，结构之间的稳固性和连接强度要远远高于传统方法，与机器制造出的零件相比，打印出来的产品的质量要轻 60%，并且同样坚固（图 4-45～图 4-48）。

图 4-45　3D 打印机

图 4-46　第三代家庭 3D 打印机

图 4-47 鞋底采用 3D 打印技术制造的新款耐克跑鞋

图 4-48 首款 3D 打印汽车 Urbee 2

5．复合材料铺层

铺层成型是制造复合材料构件的主要方法，铺层复合材料就是将各向异性的纤维层材料按照一定的顺序和角度叠在一起，然后通过模具的压力使各层紧密贴合在一起成为一个整体。复合材料可能是几层、几十层，甚至上百层，每层的铺层角度对结构的性能（包括刚度、强度、稳定性、振动频率等）影响很大，很多有限元软件（如 Nastran、Abaqus 等）可以对复合材料结构进行准确的分析，而且优化技术也已经广泛应用于铺层复合材料的设计。

复合材料因其高比强度、高比刚度、良好的抗疲劳性和材料铺层可设计性等优异特性，广泛应用于航天航空领域，与铝合金、钛合金、合金钢一起成为航空航天四大结构材料。

采用复合材料可以提高结构的使用寿命，减轻结构的固有质量，从而提高航空器、航天器的性能和竞争力（图 4-49）。

图 4-49 应用各种复合材料的航天器设计

课题 4 理解与验证——勺子的模具设计

对于生产厂家而言，根据产品功能正确选择材料及加工方法意义重大，因为它直接影响着生产成本投入，并最终决定产品的价格和利润。所以，作为产品设计人员，要熟悉如何根据材料、结构和造型来选择适当的加工方法。

通常选择加工方法时应该注意以下几点：

（1）要满足产品的使用功能的要求；

（2）注意材料对加工工艺性的适应；

（3）根据加工精度选择相应的加工技术；

（4）根据生产批量来选择适当的加工方法；

（5）加工方案的经济性。

本课题依据材料特点讨论并确定勺子的加工工艺和模具设计构思。

以塑料勺子（一次性）为例，示意如下：

一次性用品意味着数量大、成本低。塑料加工工艺主要有注塑成型和热成型。而热成型工艺适合加工薄壳敞口型容器和较大尺寸塑料件。故塑料勺子选择注塑成型工艺。上下模注塑成型，加工快捷方便，一次可以产出多件勺子产品。该种塑料勺子作为辅助工具，主要用于食用冰淇淋和饮用各种饮料，对勺子的强度和耐用度要求较低。

相应模具设计如下图所示。

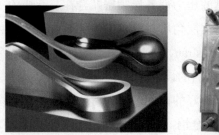

请依照上述思路来构想不锈钢勺子、陶瓷勺子和木质勺子的加工工艺和相应模具设计构思。

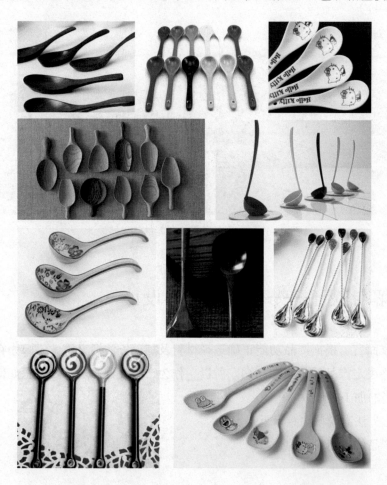

第5章 华丽面具——表面工程基础

俗话说，三分长相七分穿，人靠衣服马靠鞍。一个好的产品，同样需要具有美好的外在感观才能给消费者以深刻的视觉印象。拥有一张华丽而独特的面具可以使产品迅速抓住消费者的眼球。

产品的表面处理，就是给产品化妆的过程。没有适宜的表面处理，即使采用多么先进的材料，也无法最终实现理想的设计表情。表面处理可以利用表面修饰的作用，强化或提升产品在人们心目中的价值感和美感，增进人与产品之间的情感互动。

产品附加值，通常包括文化附加值、科技附加值、品牌附加值和服务附加值几个部分。而产品表面处理工艺和技术正是提升产品科技附加值的重要手段。

5.1 魔镜告诉我——美丽外表的必要性与重要性

图 5-1 是一款由 Jacob Rynkiewicz 设计的腕表。该表以塑料为基本材质，防水又防滑。腕带如同橘皮一样一圈一圈盘旋，可以很轻松地适应不同大小的手腕。人手可以直接碰触到指针，即使在不方便用眼睛看的时候也能够用手来读出时间。当前时间与卫星同步，无须手动对时，只需按下按钮即可自动校正时间。黑黄颜色搭配，醒目而又时尚。该款腕表以独特的外形特征，给人以深刻的视觉印象和强烈的试戴欲望。

图 5-1　Jacob Rynkiewicz 设计的腕表

图 5-2 是美国纽约布鲁克林设计师 Annie Evelyn 设计的名为 Squishy 的椅子。人们第一眼就会被它奇特的座面形式吸引住。这由不同形状的木块拼接而成的椅面，一定有什么特别的地方吧？的确，这种拼接不仅形成特殊的肌理美感，还能实现一定程度的相对变形，这种弹性结构正是用来保证座椅的舒适性的。出人意料的形式也大大提升了产品的吸引力。

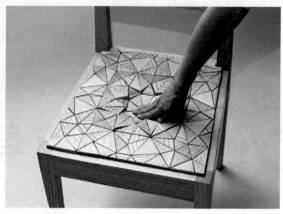

图 5-2　Annie Evelyn 设计的椅子

5.2　产品化妆间

　　表面处理，是一种在基体材料表面上人工形成一层与基体的机械、物理和化学性能不同的表层的工艺方法。表面处理的目的是满足产品的耐蚀性、耐磨性、装饰或其他特种功能要求。

　　表面处理技术类似于女孩子用的各种"化妆品"。长相不同，风格喜好不同，化妆品的选择也就不同。所以产品也要选对自己的化妆方式，这也正是产品设计师需要考虑和研究的事：如何帮产品"化妆"，如何为产品创造好的"卖相"，如何为产品争得"面子"？这就需要工业设计师对材料的表面工程技术有更为深入的了解和学习。

5.2.1　产品化妆的种类——表面工程技术的分类

　　表面工程技术，通常包括表面改性、表面处理、表面涂覆、复合表面工程、纳米表面工程技术等。

　　按学科特点，表面工程技术可以分为表面涂镀技术、表面改性技术和薄膜技术。其主要区别详见表 5-1。

表 5-1　表面工程技术分类

表面工程技术	定　义	常见手段
表面涂镀技术	将液态涂料涂覆在材料表面或将镀料原子沉积在材料表面形成涂层或镀层	热喷涂、堆焊、电镀、化学镀、气相沉积和涂装技术
表面改性技术	利用热处理、机械处理、离子处理和化学处理等方法，改变材料表面的成分及性能的技术	化学刻蚀技术、热扩渗、转化膜、表面合金化、离子注入和喷丸强化
薄膜技术	采用各种方法在工件表面上沉积厚度为 100nm 至 1μm 或数微米	气相沉积技术

　　表面工程技术所涉及的工艺及实现手段如表 5-2 所示。

表 5-2　表面工程常用工艺及实现手段

工　艺	实　现　手　段
电镀	合金电镀、复合电镀、电刷镀、非晶态电镀和非金属电镀
涂装	特殊用途、特殊类型的新涂料和涂装工艺
堆焊	埋弧自动堆焊、振动电弧堆焊、CO_2 保护自动堆焊和等离子堆焊

工　艺	实　现　手　段
热喷涂	火焰喷涂、电弧喷涂、等离子喷涂和爆炸喷涂
热扩渗	固体渗、液体渗、气体渗和等离子渗
化学转化膜	化学氧化、阳极氧化、磷酸盐膜和铬酸盐膜
彩色金属	整体着色、吸附着色及电解着色
气相沉积	化学气相沉积和物理气相沉积
三束改性	激光束改性、电子束改性和离子束改性

5.2.1.1 产品的"洁面"——表面预处理工艺

表面预处理，就是利用叶轮或压缩空气的动能，把钢丸、钢砂喷打到金属的表面，清理表面的同时，使金属表面产生良好的粗糙度，保证喷涂工序时，涂料与金属表面有效地结合，是涂装前的重要工序。

对于金属铸件，比较常用的表面处理方法是：机械打磨，化学处理，表面热处理，喷涂表面。

在汽车工业领域，如车身或其他零部件表面的预处理，其一般工艺流程如下：

脱脂（水洗）→表面调节→磷化（水洗）→钝化（脱离子水洗）→干燥或湿膜直接电泳涂漆。

结合工业设计专业的学科特点，本章将着重对表面涂镀技术、薄膜技术和表面改性技术进行介绍。

5.2.1.2 产品的"遮瑕粉底"——表面工程技术

1．表面涂镀技术

1）热喷涂

热喷涂技术是一种材料表面强化和表面改性的新技术，可以使基体表面具有耐磨、耐蚀、耐高温氧化、电绝缘、隔热、防辐射、减磨和密封等性能，理论上可在任何固体物质上进行热喷涂并形成热喷涂涂层，涂层材料可以是金属、合金、陶瓷、金属陶瓷、塑料以及它们的复合物等。

热喷涂技术是表面工程学的重要组成部分。其原理是，利用各种不同的热源，将欲喷涂的各种材料（如金属、合金、陶瓷、塑料及其各类复合材料）加热至熔化或熔融状态，借助气流高速雾化形成"微粒雾流"沉积在已经预处理的工件表面形成堆积状，与基体紧密结合形成喷涂层（图5-3）。

热喷涂工艺主要包括四个过程：工件表面预处理→工件预热→喷涂→涂层后处理。

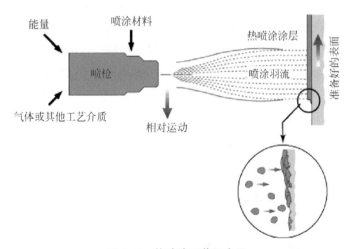

图5-3 热喷涂工作示意图

按涂层加热和结合方式，热喷涂的种类可分为喷涂和喷熔两种。喷涂时基体不熔化，涂层与基体形成机械结合。喷熔，又称堆焊，是涂层经再加热重熔，涂层与基体互溶并扩散形成冶金结合。喷涂与堆焊的根本区别在于母材基体不熔化或者极少熔化。

喷涂的方法多，基体材料取材范围广，涂层厚度可以控制，基体材料受热影响小，工效高，操作程序少，速度快，成本低，经济效益显著。

此外，喷涂既可对大型设备进行大面积喷涂，也可对工件的局部进行喷涂；既可喷涂零件，又可对制成后的结构物进行喷涂。但目前该技术存在操作环境较差、结合力低、孔隙率较高、均匀性差等缺点，有待于进一步发展。

2）堆焊

堆焊是一种在零件表面熔敷一层耐磨、耐蚀、耐热等具有特殊性能合金层的技术。手工电弧堆焊是应用最广泛的堆焊方法。

堆焊的物理本质与一般的熔焊工艺并无区别。但堆焊的目的不是为了起连接作用，而是为了发挥堆焊层的优良性能。

堆焊原理：采用氩气等高温热源，采用合金粉末作填充金属的一种表面熔敷（堆焊）合金的工艺方法。

堆焊技术在很多行业和领域有着广泛的应用。

在模具制造行业，可用于打毛塑料模表面，增加美感和使用寿命；头盔塑料模具分型面堆焊修复；铝合金压铸模具分流锥表面强化；模具腔超差、磨损、划伤等修复与强化。

在塑料橡胶工业，可用于修复橡塑机械零部件，橡胶、塑料件用的模具腔超差、磨损等修补。

在航空、航天工业，可用于飞机发动机零部件、涡轮、涡轮轴修复或修补，火箭喷嘴表面强化修理，飞机外板部件修复，人造卫星外壳强化或修复，钛合金件的局部渗碳强化，铁基高温合金件的局部渗碳强化，镁合金的防腐蚀涂层，镁合金件局部缺陷堆焊修补，镍基/钴基高温合金叶片工件局部堆焊修复，等等。

在汽车与机车的制造与维修行业，可用于凸轮、曲轴、活塞、汽缸、刹车盘、叶轮、轮毂、离合器、摩擦片、排气阀等补差和修复，汽车体的表面焊道缺陷补平修正。

在船舶、电力行业，可用于电曲轴、轴套、轴瓦、电气元件、电阻器等修复，电气铁路机车轮与底线轨道连接片的焊接，电镀厂导电辊、金属氧化处理铜铝电极的制作焊接。

在机械工业，可用于修正超差工件和修复机床导轨，各种轴、凸轮、水压机、油压机柱塞、汽缸壁、轴颈、轧辊、齿轮、皮带轮，弹簧成型用的芯轴、塞规、环规，各类辊、杆、柱、锁、轴承等。

在铸造工业，可用于铁、铜、铝铸件砂眼气孔等缺陷的修补，铝模型磨损修复，等等。

3）气相沉积

气相沉积分为物理气相沉积和化学气相沉积。

化学气相沉积是一种用来产生纯度高、性能好的固态材料的化学技术。半导体产业使用此技术来成长薄膜。

物理气相沉积是通过蒸发、电离或溅射等过程，产生金属粒子并与反应气体反应形成化合物沉积在工件表面。物理气相沉积方法有真空镀、真空溅射和离子镀三种，目前应用较广的是离子镀。和化学气相沉积相比，物理气相沉积适用范围广泛，几乎所有材料的薄膜都可以用物理气相沉积来制备，但是薄膜厚度的均匀性是物理气相沉积中的一个问题。

4）电镀

电镀，是一种利用电解原理将导电体铺上一层金属的工艺方法。除了导电体以外，电镀也可用于经过特殊处理的塑胶上。由于在金属或其他材料制件的表面附着了一层金属膜，所以电镀可以起到防止腐蚀，增加硬度，提高耐磨性、导电性、反光性及增进美观等作用。

相较热喷涂，电镀的时间较长，但涂层与基体的紧密度高，不会出现剥落现象（图5-4、图5-5）。

(a) 镀镍水龙头

(b) 镀镍热管（散热器）

图5-4　创意概念手表设计表壳主体部分采用电镀工艺

图5-5　镀镍工艺在产品中的应用

电镀时，镀层金属或其他不溶性材料作阳极，待镀的工件作阴极，镀层金属的阳离子在待镀工件表面被还原形成镀层（图5-6）。为排除其他阳离子的干扰，且使镀层均匀、牢固，需用含镀层金属阳离子的溶液作电镀液，以保持镀层金属阳离子的浓度不变。

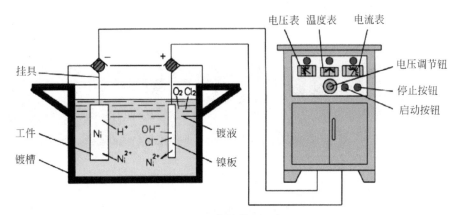

图5-6　电镀装置示意图

电镀后被电镀物件的美观性和电流密度大小有关系，在可操作电流密度范围内，电流密度越小，被电镀的物件便会越美观；反之则会出现一些不平整的形状。

电镀原理：在盛有电镀液的镀槽中，以经过清理和特殊预处理的待镀件作为阴极，用镀覆金属制成阳极，两极分别与直流电源的负极和正极相接。电镀液由含有镀覆金属的化合物、导电的盐类、缓冲剂、pH调节剂和添加剂等的水溶液组成。通电后，电镀液中的金属离子，在电位差的作用下移动到阴极上形成镀层。阳极的金属形成金属离子进入电镀液，以保持被镀覆的金属离子的浓度。

电镀基本工序：磨光→脱脂除油→水洗→（电解抛光或化学抛光）→酸洗活化→（预镀）→电镀→水洗→镀层处理→水洗→干燥→下挂→检验包装。

镀层物质不同，电镀后的特性也不同。像铜镀层平滑光亮、延展性好、无应力、镀层结晶细致、

图 5-7　镀铜创意 U 盘设计

容易抛光、微观均镀性好，并具有良好的机械加工性能和电导性（图 5-7）。而镍镀层耐蚀性较高、稳定性高、抛光后光泽度好，一般与铬镀层联合使用，硬度较高、耐磨性好，而多层镀镍可进一步提高耐蚀性。

通常情况下，镀铜是为打底用，增进电镀层附着能力及抗蚀能力；镀镍除打底用，还可做外观，增进抗蚀能力及耐磨能力，化学镀镍为现代工艺中耐磨能力最强，超过镀铬；镀金可以改善导电接触阻抗，增进信号传输；镀钯镍能改善导电接触阻抗，增进信号传输，耐磨性高于镀金；镀锡铅可增进焊接能力，但现在大部分已改为镀亮锡及雾锡。

5）化学镀

化学镀合金膜层均匀、致密、硬度高、耐磨，膜层外观似不锈钢。该工艺具有槽液可循环使用、环境污染小、设备投资少等特点，是一种新型的金属表面处理技术，更加简便、节能、环保。

化学镀原理：依据氧化还原反应原理，利用强还原剂在含有金属离子的溶液中，将金属离子还原成金属而沉积在各种材料表面形成致密镀层法（图 5-8、图 5-9）。化学镀过程不需要通电。

化学镀基本工序：机械粗化→脱脂除油→水洗→化学粗化→水洗→敏化→水洗→活化→水洗→解胶→水洗→化学镀→水洗→干燥→镀层处理。

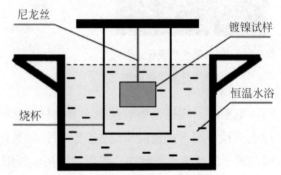

图 5-8　化学镀装置示意图

图 5-9　采用化学镀工艺的电路零件

化学镀镍层具有优良的均匀性、硬度、耐磨和耐蚀等综合物理化学性能，该项技术在国外已经得到广泛应用。如发电厂的发电机组凝汽器黄铜管内表层化学镀镍可大大地提高抗腐蚀性，延长凝汽管使用寿命。铝合金镀镍，可提高铝合金硬度及防护性能，改善铝合金表面性质，扩大铝合金的应用范围。

化学镀镍合金硬度高、导电性好、焊接性好、耐蚀，常用于 IC 顶盖、引线框架、模具、按钮等。

高磷镍合金镀层，无磁性，大量用于电子仪器、半导体电子设备防电磁干扰的屏蔽层等。镍 - 硼 - 磷三元合金，镀层硬度更高，用于压电陶瓷电极、传动装置和各种阀。镍 - 硼 - 钨硬度极高，可用于电子模具、触点材料等。

化学镀银主要用于电子部件的焊接点、印制线路板，以提高制品的耐蚀性和导电性能。还广泛用于各种装饰品，如装配杯、高级旅行保温杯、扣件等。铍青铜是一种通信行业应用广泛的材料，为进一步提高铍青铜的导电性，常常在铍青铜材料表面进行化学镀银。

非导体化学镀可以镀一种或几种金属,在装饰和功能(例如电磁干扰屏蔽)两方面都有重要作用。在许多场合下,许多工程塑料已考虑作为金属的代用品,其中有些具有良好的耐高温性能。所有这些塑料都比金属轻,而且更耐腐蚀,其中包括聚碳酸酯、聚芳基酮醚、聚醚酰亚胺树脂等。需要导电性或电屏蔽的场合,塑料需要金属化,可用化学镀达到这个目的。

尼龙表面化学镀镍、银、铜用来代替金属或装饰。采用化学镀的新工艺将纯银镀覆在特殊的尼龙基布上,可使尼龙布具有良好的防电磁辐射性能。

塑料工件表面装饰镀,如纽扣、车辆上的扣件、防护板等,采用化学镀既简单又方便。

丙纶纤维上化学镀铜,可用于化工、制药、纺织等工业过滤、防护等,丙纶非织造布镀铜复合材料增加了丙纶材料的导电性,可消除静电的危害,可用于制造抗静电防护服包装材料、装饰材料等,有着广泛的应用前景。

化学浸镀铜,以高强塑料镀铜来代替金属铜材,可取得铜一样的表面性能和效果,比铸造、锻压的工艺难度小,且减少了设备投资,节约了大量铜材。

高强塑料镀金属,可提高塑料的抗老化性能,消除塑料的静电吸尘作用。

2．薄膜技术

薄膜技术,也称为表面涂装,涂料是其最主要的依托载体形式。涂料是一种有机高分子胶体的混合物。通常为液体或固体粉末。早期大多以植物油为主要原料,固有"油漆"之称,现在合成树脂已基本取代了植物油,故称为涂料。

涂料涂覆于物体的表面之后,形成一种坚韧的连续的涂膜,这就是涂装。涂装赋予物体以保护、装饰或特殊性能,如绝缘、防腐或标志。

一些新型涂料的开发和创造,为产品设计提供了更丰富的思路来源和更广泛的发展空间。

图5-10　应用UV涂层的名片

UV涂料可通过浸涂、淋涂、漆涂、旋涂,甚至真空涂等方法涂布后,再经紫外线光子照射而固化成膜(图5-10)。与一般的溶剂型涂料相比,UV涂料固化速度快,可常温固化,节约能源,节省占地面积,不污染环境,可快速提升产品性能。

耐热涂料、防火涂料(图5-11)、示温涂料、发热涂料、焊接涂料、水产营养涂料、防污涂料、防霉涂料、杀虫涂料等涂料的发明,赋予一些常规产品特别的使用功能。如,防污涂料能保持浸水部位光滑无污物附着,可防止船舶在航行时,海洋生物附着而造成船舶行进受阻和污损(图5-12)。工业设计师从中获得启发,更好、更灵活地解决生活中遇到的问题,如具有温度提示功能的奶瓶设计,防烫水杯设计等。

图5-11　应用防火涂料的消防工具与装备

图5-12　应用防污涂料的舰船

还有一些具有电学特性、力学特性、光学特性、装饰与触觉特性和环保安全特性的涂料，如电绝缘涂料（图5-13）、防静电涂料、导电涂料、电磁波吸收涂料、电磁波屏蔽涂料、磁性涂料、防碎裂涂料（图5-14）、弹性涂料、润滑涂料、可剥性涂料、荧光涂料、红外线吸收涂料、紫外线屏蔽涂料、光电导料、激光用涂料、液晶显示涂料、玻璃用涂料（图5-15）、闪光涂料（图5-16）、变色涂料、仿真石涂料、浮雕涂料、晶纹涂料、防冻涂料、防滑涂料、隔音涂料

图 5-13　应用电绝缘涂料的轴承

（图5-17）、防震涂料、自清洁涂料、不沾污涂料、消臭涂料等。可以说，新型特种涂料的发明，为工业设计的发展带来又一个春天，也将会把工业设计带入下一个新的历史时期。

图 5-14　应用防碎裂涂料的杯子

图 5-15　玻璃用涂料

图 5-16　应用闪光涂料的室内设计

图 5-17　应用隔音涂料的会议室

3．表面改性技术

表面改性是采用化学的、物理的方法改变材料或工件表面的化学成分或组织结构以提高机器零件或材料性能的一类热处理技术，能赋予零件耐高温、防腐蚀、耐磨损、抗疲劳、防辐射、导电、导磁等各种新的特性。原来在高速、高温、高压、重载、腐蚀介质环境下工作的零件，应用表面改性技术可提高其可靠性，延长使用寿命，具有很大的经济意义和推广价值。

相较表面涂镀，表面改性技术是一种对材料表面的精处理技术，会对产品的原表面产生细微的破坏。精处理技术和方法主要有切削、研磨、抛光、蚀刻和电化学抛光。这里重点介绍化学蚀刻技术。

蚀刻是将材料用化学反应或物理撞击而移除的技术。蚀刻技术可以分为湿蚀刻及干蚀刻两类。

　　通常所说蚀刻也称光化学蚀刻，指通过曝光制版、显影后，将要蚀刻区域的保护膜去除，在蚀刻时接触化学溶液，达到溶解腐蚀的作用，形成凹凸或者镂空成型的效果。

　　蚀刻技术最早用来制造铜版、锌版等印刷凹凸版，也广泛应用于减轻重量、仪器镶板、名牌及传统加工法难以加工之薄形工件等的加工。经过不断改良和工艺设备发展，也可以用于航空、机械、化学工业中电子薄片零件精密蚀刻产品的加工，特别在半导体制程上，蚀刻更是不可或缺的技术。例如手机 Moto V3 的键盘，文字和符号均为采用镂空蚀刻工艺成型。

　　蚀刻过程一般为：清洗板材（不锈钢及其他金属材料）→烘干→涂布→曝光→显影→蚀刻→脱膜。基本流程图如图 5-18 所示。

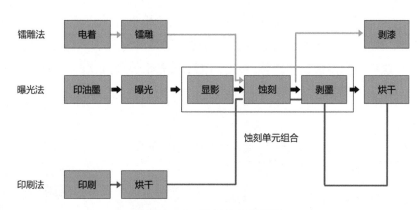

图 5-18　蚀刻基本流程图

　　玻璃表面加工也常常采用化学蚀刻。用氢氟酸对玻璃制品的局部表面进行腐蚀，在其表面刻画出各种花纹、图案、刻度、格子等。一般过程为，先在需蚀刻的玻璃表面涂上保护漆或石蜡，然后放入氢氟酸和少量 NH_4F 组成的蚀刻液，玻璃表面层与氢氟酸作用，生成的氟化物溶解在蚀刻液中或沉积在玻璃表面，最后获得所需表面效果。

　　铭板蚀刻（图 5-19）、盲孔蚀刻（图 5-20）、艺术图案蚀刻（图 5-21）……这些化学蚀刻处理为产品肌理设计和图案设计提供了更大、更自由发挥的可能。

图 5-19　铭板蚀刻　　　　　　　　图 5-20　盲孔蚀刻

图 5-21　艺术图案蚀刻

5.2.2　产品用化妆品的材料与属性

如果说产品的表面处理是为产品化妆，那么这些处理方法就像女孩们化妆的方法，各种各样，多姿多彩。我们如何为产品增添更多的光彩而不是画蛇添足呢？这就要取决于对这些产品化妆品的材料、属性和运用技巧的了解和熟悉程度。只有了解了各种化妆品的用途，设计才能"对症下药"。涂料与电镀是附着于产品表面的技术，我们可以把它看成"粉饼"，用这种独特的方式来修饰产品表面，使之更加光滑、靓丽。而像是激光刻蚀之类的技术则是对材料表面做了一些本身形态的变化，使之产生一些肌理，这就如我们常说的整容，或者叫面部微整形。通过这些丰富多变的"化妆"技术，产品就像明星们一样可以更好地"包装"，从而提升产品的价值感，得到更多消费者的喜爱和购买（表 5-3、表 5-4）。

表 5-3　常见材料的表面处理工艺

		材料工艺	示例图片
表面工程基础	金属	**被覆工艺** 在被处理基体表面上形成合金、化合物或陶瓷保护层。例如电镀与化学镀、表面涂敷、气相沉积等	
		改质工艺 表面改性是采用化学的、物理的方法改变材料或工件表面的化学成分或组织结构以提高机器零件或材料性能的一类热处理技术	
		精加工工艺 切削、研磨、抛光、蚀刻、电化学抛光、拉丝，使产品表面更加美观	
	塑料	网版印刷 曲面印刷 烫金 普通着色 PU 喷涂 UV 喷涂 电镀 激光镭雕 表面立体印刷 水转印	

		材料工艺	示例图片
表面工程基础	玻璃	**机械处理** 切割、钻孔、研磨、抛光、刻花、砂雕	
		化学处理 脱碱、防霉、蒙砂、蚀刻、化学抛光、热钢化、化学钢化	
		表面装饰 金饰、扩散着色、冰花、冰砂、彩雕	
		离子注入 增强了玻璃的非线性光学性质，因此离子注入玻璃在制造全光学开关器上可起重要作用	
		镀膜 化学镀膜、物理镀膜、各类功能膜	
	木材	干燥、抛光、漂白、染色	

表 5-4　表面工程的分类

		应用范围	示例图片
表面工程的分类	功能类	**隐形涂料** 军机、导弹、航空飞行器……	
		消音瓦 海洋潜水艇	
		下水道涂料 各类地下排污管道、输送管道	
		电绝缘涂料 漆包线、绝缘硅钢片、电阻、电容、电位器……	
		杀虫涂料…… 住宅、宾馆、饭店、库房、公共厕所、禽畜舍、垃圾场等	

续表

		应用范围	示例图片
表面工程的分类	美工类	陶瓷上釉	各类陶瓷器皿、瓷质用品	
		搪瓷	器皿类、厨房用具、卫生洁具、医用类、建筑装饰、电子搪瓷……	
		玻璃涂料	玻璃	
		闪光涂料	汽车、家用电器	
		仿真石涂料	地砖、墙砖等	
		激光镭雕	需要在表面制作各种文字、符号和图案的产品	
		表面立体印刷	包装装潢产品、商业广告、防伪标记、商标吊牌、鼠标垫、各类信用卡等各种领域	
		水转印		
		金属拉丝	不锈钢餐洁具、标牌和装饰表盘等各种领域	
		变色涂料……	陶瓷马克杯、纺织印染、各种礼品、广告宣传品、儿童玩具等	

5.2.3　时尚靓妆风——汽车表面改装应用

　　汽车表面改装，是近几年在中国兴起的新现象，尤其受到年轻车主和消费者的关注和喜爱。汽车表面改装不仅在外观上为车主带来个性和时尚，而且每一款精心的表面改装处理都具有一定的防护功能，能有效保护爱车免受或少受"黑暗与邪恶力量"的破坏。

车身贴膜（图5-22），为车身重新包裹上一层碳纤维车膜，可以有效起到隔热作用，也能减少轻微剐蹭造成的车体损伤，而且还可以使爱车瞬间变得动感强劲、个性十足。

别具匠心、靓丽生动的色彩搭配也能提升爱车个性度，带给人强烈的视觉观感（图5-23）。

图5-22　汽车车身贴膜

图5-23　汽车表面改装

美国视觉艺术心理学家布鲁默(Carolyn Bloomer)认为："色彩唤起各种情绪，表达感情，甚至影响我们正常的生理感受。"的确，合理而巧妙地为产品配色，往往能够唤醒消费者的购买欲望，让产品在市场竞争中脱颖而出。例如，著名的Apple公司最早就是在计算机的材质及色彩上作了大胆革新，才在IT行业杀出重围，异军突起，并最终树立了高度人文化的品牌形象。

一般来说，彩色相对于灰色更加活泼，而灰色则通常显示出产品的气质，如图5-24（a）所示，彩色的相机与其本身有机形态的搭配很好地展现产品的情趣，让人眼前一亮。而图5-24（b）中产品的形态虽然也是较为自然、圆润，但白色的配色使其更具有品质感，更安静，引人思考和联想。在色彩设计的过程中，色彩的明度、饱和度及色相对比等都对整个设计产生影响，设计师需要根据具体情况的要求合理调整才能达到预期的目标，而不能仅仅记住几个颜色搭配的规律或口诀。

(a)照相机　　　　　　　　(b)鼠标

图5-24　色彩在产品外观中的作用

流行色也是颜色选择的一种特有现象。像2013年秋季，金色就成为最亮最时尚的色彩，如金色版本苹果手机 iPhone 5S，很多人戏称为"土豪金"，并成为网络热词。随后，各种版本的"土豪金"产品陆续进入人们视线，"土豪金"已不再是苹果手机的代言词，手表、钢琴、马桶、汽车、内衣、面膜……，随着"土豪金"的疯狂，所有泛着金色的产品，似乎都被沾染了高端、大气、上档次的气息（图5-25）。

(a) iPhone 5S

(b) 沙发   (c) 公交车   (d) 建筑

图 5-25 2013 年秋季，金色在产品设计中的应用

课题5 参观电镀和拉丝工艺工厂

参观电镀和拉丝工厂，了解产品表面处理的实际加工过程，有助于进一步巩固书本知识并加深理解。

1. 参观前期准备

（1）搜寻在我们生活中采用电镀工艺和拉丝工艺的产品。问题如：这些产品表面有何特征？价格如何？

（2）复习电镀的特点和作用。重点复习：电镀工艺对被镀材料有什么要求，是否任何材料都适合电镀？电镀工作原理是什么？一般电镀金属是什么？对溶液有何要求？拉丝的种类有哪些？

（3）整个电镀的加工过程包括什么？它们是如何实现协同工作的？拉丝加工用到的主要设备是什么？

2．参观总结

（1）在实际参观过程中回答前期准备问题。

（2）寻找参观过程中有待改进的设计问题，如设备、流程、表面效果创新。

（3）工作人员如何操作机器，有何注意事项？

（4）绘制整个参观过程的流程图。

第**6**章 强大的内芯——声光电热常识

一件产品，往往需要依靠某种动力，完成某些动作及过程，才能够实现或达到某种产品功能。没有电，无论是计算机、手机，还是电视、空调、冰箱，都是废铁一块。没有能量，就没有运动。能量是所有物质的终极转化力和最基本的组成"位量"。

让我们一起来了解一下驱动产品的各种能量及表现形式。

6.1 无敌正能量——驱动产品的声光电热

声、光、电、热，是我们在生活中最常看到或感受到的能量形式和能量现象。而像机械能、内能、电能、化学能、原子能、生物能……，是更基本的能量形式。这些基本能量形式通过某种介质单独或叠加在一起，就可以产生声、光、电、热这些新的能量形式和能量现象。例如，光能就是机械波能与电磁波能的叠加组合。

6.1.1 能量

物质的运动形式是多种多样的，对于每一个具体的物质运动形式存在相应的能量形式。能量守恒定律告诉我们，能量不会消失，只能转移。而且能量是标量，不是矢量，所以没有方向，也不分正负。

正能量一词，出自英国心理学家理查德·怀斯曼的专著《正能量》。"正能量"指的是一种健康乐观、积极向上的动力和情感。所有积极的、健康的、催人奋进的、给人力量的、充满希望的人和事，都可以贴上"正能量"标签。"正能量"一词与自然科学中的能量概念是不同的。

能量这个词是 T. 杨 1801 年在伦敦国王学院讲自然哲学时引入的。能量，即度量物质运动的一种物理量，是物质运动的量化转换，简称"能"。世界万物是不断运动着的，在物质的一切属性中，运动是最基本的属性，其他属性都是运动属性的具体表现。

能量分为机械能、分子内能、电能、原子能、化学能等。产品设计专业要着重理解和认识机械能和电能这两种能量形式，而在新兴产业领域的特种产品设计中也会涉及分子内能、化学能和原子能的应用。

　　机械能是表示物体运动状态与高度的物理量，是动能与部分势能的总和。这里的势能分为重力势能和弹性势能。决定动能的是质量与速度；决定重力势能的是高度和质量；决定弹性势能的是劲度系数与形变量。动能与势能可相互转化。

　　机械能只是动能与势能的和。在不计摩擦和介质阻力的情况下，物体只发生动能和势能的相互转化，且机械能的总量保持不变，也就是动能的增加或减少等于势能的减少或增加，这就是机械能守恒。

　　机械能与整个物体的机械运动情况有关。当有摩擦时，一部分的机械能转化为热能，在空气中散失，另一部分转化动能或势能。所以在自然界中没有机械能守恒，也不会有永动机（图6-1）。

图6-1　雪佛兰皮卡

　　电能是指电以各种形式做功（即产生能量）的能力。电能被广泛应用在动力、照明、冶金、化学、纺织、通信、广播等各个领域，是科学技术发展、国民经济飞跃的主要动力。

　　下面以磁悬浮列车为例，介绍一下电能的应用。磁悬浮列车是一种靠磁悬浮力（即磁的吸力和排斥力）来推动的列车。由于其轨道的磁力使之悬浮在空中，运行时不需接触地面，因此只受来自空气的阻力。磁悬浮列车的最高速度可达500km/h以上，比轮轨高速列车还要快（图6-2）。

　　磁悬浮列车主要由悬浮系统、推进系统和导向系统三大部分组成。

　　磁悬浮列车利用电磁体"同性相斥，异性相吸"的原理，让磁铁具有抗拒地心引力的能力，使车体完全脱离轨道，悬浮在距离轨道约1cm处，腾空行驶，创造了近乎"零高度"空间飞行的奇迹（图6-3）。

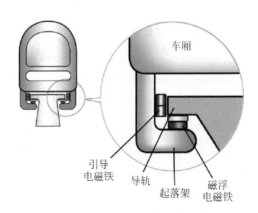

图6-2　磁悬浮列车　　　　　　图6-3　磁悬浮列车悬浮系统

推进系统，通俗地讲，就是在位于轨道两侧的线圈里流动的交流电，能将线圈变为电磁体。由于它与列车上的超导电磁体的相互作用，而使列车开动起来。列车前进是因为列车头部的电磁体（N极）被安装在靠前一点的轨道上的电磁体（S极）所吸引，并且同时又被安装在轨道上稍后一点的电磁体（N极）所排斥。当列车前进时，在线圈里流动的电流流向就反转过来了，其结果就是原来的S极线圈变为N极线圈，反之亦然。这样，列车由于电磁极性的转换而得以持续向前奔驰。根据车速，通过电能转换器调整在线圈里流动的交流电的频率和电压（图6-4）。

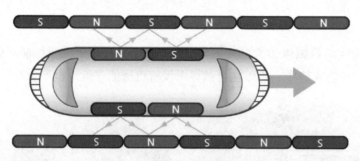

图6-4　磁悬浮列车推进系统

导向系统控制列车运行的稳定性。"常导型磁吸式"导向系统，是在列车侧面安装一组专门用于导向的电磁铁。列车发生左右偏移时，列车上的导向电磁铁与导向轨的侧面相互作用，产生排斥力，使车辆恢复正常位置。列车运行在曲线或坡道上时，控制系统通过对导向磁铁中的电流进行控制，达到控制运行的目的。

总的来说，磁悬浮列车具有高速、低噪声、环保、经济和舒适等特点。但由于磁悬浮系统是凭借电磁力来进行悬浮、导向和驱动功能的，一旦断电，磁悬浮列车将发生严重的安全事故，因此断电后磁悬浮的安全保障问题仍然没有得到完全解决。此外，列车运行时产生的强磁场对人的健康、生态环境的平衡与电子产品的运行的影响仍需进一步研究。

分子内能，是物体内部所有的分子作无规则运动的动能和分子相互作用的势能之和，以及组成分子的原子内部的能量、原子核内部的能量、物体内部空间的电磁辐射能等，简称为物体的内能。决定内能大小的因素有温度、体积和分子数，物体温度越高，分子热运动平均动能越大；物体的体积越小，分子势能越大；物体内所含的分子数越多，质量就越大，内能也越大。许多纳米材料制造的产品，像纳米内能涩性反胶乒乓球拍，自发热手套等，就是改变或释放分子内能从而使产品获得新的性能和功能的。

热能的本质就是物体内部所有分子动能（包括分子的平动能和转动能）之和，是物体内能中的一部分，热能只能由高向低单方向传递，也是一种势能，传输的过程做功而消耗了能量。相较内能，热能是生活中直观感受更多的能量现象。吃食物就是动物补充身体热能的一种行为，只有保持足够的热能，动物机体才能保持活性，才有力量从事各种运动。

化学能是物体发生化学反应时所释放的能量，是一种很隐蔽的能量，它不能直接用来做功，只有在发生化学变化的时候才释放出来，变成热能或者其他形式的能量。像石油和煤的燃烧、燃烧酒精转变为二氧化碳气体和水放出热能、炸药爆炸以及人吃的食物在体内发生化学变化时候所放出的能量，都属于化学能。氢动力汽车设计就是利用了氢氧结合形成水的化学反应来实现汽车零污染、零排放的。

原子能，又称"核能"，是指原子核发生变化时释放的能量，如重核裂变和轻核聚变时所释放的巨大能量。利用原子能技术可以制造出像氢弹、原子弹、核导弹等大规模杀伤性武器。

6.1.2 能量转换

能量以多种形式出现,包括辐射、物体运动、力的作用等。一种形式的能量可以转变成另一种形式。从恒星的爆炸、生物的生死,到机器和计算机的操作,几乎所有的变化现象都伴随着能量的转化现象。产品设计领域会经常接触到电能与光能的转换、电能与热能的转换、电能与机械能的转换、热能与机械能的转换,以及光能和化学能与其他能量形式的转换。

1. 电能转化光能

灯泡是我们最熟悉的将电能转化为光能的产品,它是利用电阻发热来产生光亮。而发光二极管(通称LED)是新型照明用电器元件,它的原理是注入式电致发光,比灯泡更持久、更节能(图6-5~图6-8)。

图6-5 灯泡

图6-6 LED灯

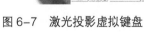

图6-7 激光投影虚拟键盘　　　　　　　　图6-8 激光投影咖啡壶

2. 光能转化电能

光电效应使光照射在金属表面而辐射出电子,利用光电效应,人类设计了太阳能板,太阳能板是通过阳光照射硅晶体的PN结产生空穴电压产生电能的,光能转化电能是相对比较有效的转换方式,并且随着不可再生能源的枯竭,人类越来越重视可再生清洁能源的应用,光能就是最受关注的清洁能源之一(图6-9)。

(a) 太阳能板	(b) 太阳能膜	(c) 太阳能收集器

图 6-9　太阳能收集方式

3. 电能转化热能

电能转化热能一般通过热电阻或热辐射，例如家用的电热炉，是在热阻丝内通过大量电流使热阻丝产生大量热能，通过热辐射传导给周围环境。也可以通过微波装置，使电能转化成微波，通过直接的热辐射转为热能（图6-10、图6-11）。

图 6-10　电暖气

❶基膜（PET薄膜）❷碳素发热区 ❸铝箔载流条
❹银浆载流条 ❺Laminex

(a) 汽车加热坐垫	(b) 坐垫内部发热材料

图 6-11　汽车座椅加热

4. 热能转化电能

热电转换材料可以直接将热能转化为电能，是一种全固态能量转换方式，无须化学反应或流体介质，因而在发电过程中具有无噪声、无磨损、无介质泄漏、体积小、重量轻、移动方便、使用寿命长等优点，在军用电池、远程空间探测器、远距离通信与导航、微电子等特殊应用领域具有"无可替代"的地位。

在 21 世纪全球环境和能源条件恶化、燃料电池又难以进入实际应用的情况下，温差电技术成为引人注目的研究方向。

温差发电的工作原理：将两种不同类型的热电转换材料的一端结合并将其置于高温状态，另一端开路并给以低温时，由于高温端的热激发作用较强，从而在低温开路端形成电势差；如果将许多对 P 型和 N 型热电转换材料连接起来组成模块，就可得到足够高的电压，形成一个温差发电机。

图 6-12　温差发电电风扇

图 6-12 中壁炉上方的电风扇就是利用温差发电原理工作的。壁炉发热，炉上方电风扇后方片状温差发电机将热能转化为电能，启动风扇扇叶旋转。

5. 电能与机械能互换

借助电磁感应效应，人类设计了电机，可以使电能轻松转化为机械能。通过切割电磁圈的磁感线，可以使机械能转化为电能。在电机中，电能和机械能可以互逆转换（图 6-13）。

(a) 三相电机

(b) 同步电机

(c) 新型三相电机

图 6-13　电动机

6. 热能与机械能互换

最经典的方法就是将水加热，进而通过水蒸气驱动机械做功，自从瓦特发明蒸汽机以来，人类一直沿用这个方法进行热能向机械能的转换。

热力机制造技术，是当代热力学机械研究的一项新技术。热力机主体由转轴、吸热器、（转换室）、叶轮、冷却器和回流通道组成的全封闭转子构成。吸热器、转换室、叶轮、冷却器彼此同轴并且依次固定连结相通，对外全封闭，构成一个全封闭的整体中空刚性转子。支座、全封闭转子、热源构成完整的热力机。热力机结构简单紧凑，机械磨损小，可靠性高，将有十分广泛的应用前景（图 6-14）。

图 6-14　热力机关键部件

机械做功过程会产生摩擦，摩擦可以产生热能，但一般效率不高，而且在实际应用中无法通过这样的转化大量提供热能，只作为机械能的能量损耗而已（图 6-15）。

(a) 火柴   (b) 金属切割

图 6-15　摩擦生热现象

7．光能转化热能

光是一种能量，当太阳光照射到物体时，物质的原子吸收能量自然就会伴随内能增加，物体温度就会上升。但不同波段的光波导热能力不同，不同物质吸收光能的能力也不同。紫外线把皮肤烧伤了，身体还没感觉到热，而只要有红外线照射，马上就能感到它散发的热量。因此，人们研发出很多红外线发热产品来为冬季室内取暖。

太阳能热水器也是一种光能转换成热能的装置，它的主要转换器件是真空玻璃管，这些玻璃管将太阳光能转化成水的内能。真空玻璃管上采用镀膜技术增加透射光，使尽可能多的太阳光能转化为热能（图 6-16）。

图 6-16　充气式太阳能热水器

8．光能转化机械能

光是由没有静态质量但有动量的光子构成的，当光子撞击到光滑的平面上时，可以像从墙上反弹回来的乒乓球一样改变运动方向，并给撞击物体以相应的作用力。这使光能转化为机械能成为可能。

太阳帆正是在这种原理下构想、设计出来的。只要拥有足够大的面积，太阳帆就可以携带航天器在太空中无限期地遨游，速度要比当今以火箭推进的最快航天器还要快 4 ～ 6 倍（图 6-17）。

图 6-17　太阳帆

150

德国科学家发现一种单分子聚合物，在光照条件下可引起其纳米尺度的链式结构长度发生变化，即在纳米尺度上实现将光能转化为机械能。这种光感聚合分子可以起到如同"光学开关"般的作用。如果将一个质量微小的"重物"垂直悬挂在该纳米机器末端，就可以组成一个如同弹簧吊起重物的机械结构，实现重物的吊起和放下。这是人类首次在纳米尺度的分子层次将光能转化成动能，对未来各种纳米机械的研究提供了一种新的思路。

9. 光能转化化学能

植物的光合作用是最经典的光能转化为化学能的一种形式。植物、藻类和某些细菌，在可见光的照射下，经过光反应和暗反应，利用光合色素，将二氧化碳（或硫化氢）和水转化为有机物，并释放出携带能量的氧气（或氢气）（图6-18）。

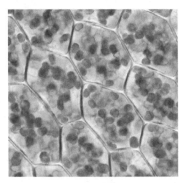

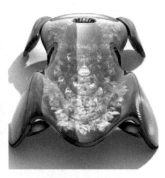

(a) 叶绿体　　　　　(b) 海藻灯　　　　　(c) 光合作用概念车

图6-18　光能转化为化学能

在光照条件下，硝酸和卤化银等物质会分解。这些分解反应同时会吸收热量，也可以视为光能转化为化学能。

10. 化学能转化电能

通过化学反应使得正电子和负电子分别在阳极和阴极汇聚，这也是电池的充电过程（图6-19）。

11. 化学能转化热能

可以通过核裂变使得熵值大量增加，进而产生大量热能传导出去。在核裂变过程中，不仅产生大量热能，还产生大量光能及机械能等。还有一种方法就是通过可燃物的燃烧，伴随着光能产生的同时也产生大量热能（图6-20）。

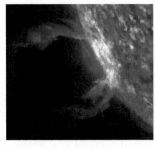

(a) 日珥　　　　　(b) 核弹爆炸

图6-19　充电电池　　　　　图6-20　核裂变现象

6.2 能源

能源就是向自然界提供能量转化的物质，能源是人类活动的物质基础。能源也称能量资源或能源资源，是可产生各种能量（如热量、电能、光能和机械能等）或可做功的物质的统称。

人类社会的发展离不开优质能源的出现和先进能源技术的使用。在当今世界，能源的发展，能源和环境，是全世界、全人类共同关心的问题，也是我国社会经济发展的重要问题。

能源的种类很多，人们通常按照其形态特征或转换与应用层次进行分类（表6-1）。

表6-1 能源的划分

常见能源分类	名 词 解 释
一次能源	直接来自自然界而未经加工转化的能源
二次能源	由一次能源直接或间接转化而来的能源
可再生能源	不随其本身的转化或被人类利用而减少的能源
非再生能源	随其本身的转化或被人类利用而减少的能源
常规能源	世界上大量消耗的石油、天然气、煤和核能等称为常规能源
新能源	是相对于常规能源而言的，泛指太阳能、风能、地热能、海洋能、潮汐能和生物质能等
商品能源	凡进入能源市场作为商品销售的如煤、石油、天然气和电均为商品能源。国际上的统计数字均限于商品能源
非商品能源	主要指薪柴和农作物残余（秸秆等）
绿色能源	包括核能和"可再生能源"

1. 一次能源

从自然界取得的未经任何改变或转换的能源，称为一次能源，如原油、原煤、天然气、生物质能、水能、核燃料，以及太阳能、地热能、潮汐能等（图6-21）。

(a) 太阳能　　　　　　　　(b) 地热能　　　　　　　　(c) 潮汐能

图6-21 一次能源

一次能源可以分为再生能源和非再生能源。再生能源包括太阳能、水力、风力、生物质能、波浪能、潮汐能、海洋温差能等，它们在自然界可以循环再生。

非再生能源是指在自然界中经过亿万年时间形成，短时期内无法自行恢复，且随着大规模开发利用储量越来越少而势必枯竭的能源。包括煤、原油、天然气、油页岩、核能等，它们是不能再生的，用一点少一点。所以再生能源的开发利用更加有利于人类社会的发展。

2. 二次能源

一次能源经过加工或转换得到的能源，称为二次能源，如煤气、焦炭、汽油、煤油、电力、热水、氢能等。

二次能源比一次能源的利用更为有效，更为清洁，更为方便。因此，人们在日常生产和生活中经常利用的能源多数是二次能源。电能是二次能源中用途最广、使用最方便、最清洁的一种，它对国民经济的发展和人民生活水平的提高起着特殊的作用（图6-22）。

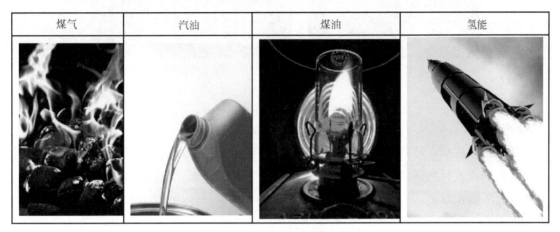

| 煤气 | 汽油 | 煤油 | 氢能 |

图 6-22　二次能源

3．常规能源与新能源

　　常规能源也叫传统能源，是指已经大规模生产和广泛利用的能源。如煤炭、石油、天然气、大中型水力发电等都属一次性非再生的常规能源。

　　新能源一般是指尚未大规模利用，需要在新技术基础上加以开发利用的可再生能源，包括太阳能、现代生物质能、风能、地热能、波浪能、洋流能和潮汐能，以及海洋表面与深层之间的热循环等。此外，还有氢能、沼气、酒精、甲醇等二次能源。

　　随着常规能源的有限性以及环境问题的日益突出，以环保和可再生为特质的新能源越来越得到各国的重视。目前在中国，可以形成产业的新能源主要包括水能（主要指小型水电站）、风能、生物质能、太阳能、地热能等，是可循环利用的清洁能源。新能源产业的发展既是整个能源供应系统的有效补充手段，也是环境治理和生态保护的重要措施，是满足人类社会可持续发展需要的最终能源选择。

　　随着技术的进步和可持续发展观念的树立，过去一直被视作垃圾的工业与生活有机废弃物被重新认识，作为一种能源资源化利用的物质而受到深入的研究和开发利用，因此，废弃物的资源化利用也可视为新能源技术的一种形式。

4．商品能源

　　凡进入能源市场作为商品销售的如煤、石油、天然气和电等均为商品能源。目前主要有煤炭、石油、天然气、水电和核电 5 种（6-23）。

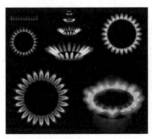

(a) 煤气　　　　　　　　(b) 煤炭　　　　　　　(c) 石油、天然气

图 6-23　商品能源

(d) 水利发电   (e) 水利驱动

图 6-23（续）

5．非商品能源

非商品能源指薪柴、秸秆等农业废料，人畜粪便等就地利用的能源，通常是可再生的。非商品能源在发展中国家农村地区的能源供应中占有很大比重。2005 年，我国农村居民生活能源有 53.9% 是非商品能源（图 6-24）。

图 6-24　薪柴、秸秆

传统上，中国是一个非常注重节能的国家，像各具特色的中国传统民居，就蕴含了许多节能方法和节能设计，值得我们学习和借鉴。借助外部自然资源达到节能目的是最多见的方式和手段。竹楼墙壁采用竹杆围合 (图 6-25(a))，竹杆形成的间隙起到双重调控风力的作用。风大时减弱风力，无风时依靠孔洞效应又可以产生微风。竹杆不仅是起支撑作用的墙壁，更是一个风力空调。而天井结构 (图 6-25(b)) 巧妙借用天光可减少室内人工光源的使用量，集结的雨水还可以储存起来备作他用。房子群落依水体而建 (图 6-25(c)) 更是利用了水体的多种免费功能：调节温度，各种生活所需等。还有许多地方民居的设计起到了借温、借材、借力的作用 (图 6-25(d)、(e)、(f)) 。上天赐予的各种资源，在勤劳而聪明的中国劳动人民手中得到了更好的利用和发挥。

(a) 借风——竹楼   (b) 借雨借光——西递民居

图 6-25　各种节能环保的传统民居形式

(c) 借水——徽派建筑　　　　　　　　　　(d) 借温——云南民居

(e) 借材——陕西窑洞　　　　　　　　　　(f) 借力——客家围楼

图 6-25（续）

6. 绿色能源

绿色能源也称清洁能源，是 21 世纪初在全球兴起的一个新名词，象征着环境保护和良好的生态系统。"绿色"有两层含义：一是利用现代技术开发干净、无污染的新能源，如太阳能、风能、潮汐能等；二是化害为利，同改善环境相结合，充分利用城市垃圾淤泥等废物中所蕴藏的能源。

绿色能源有狭义和广义两种概念。狭义的绿色能源是指可再生能源，如太阳能、水能、生物能、风能、地热能和海洋能。这些能源消耗之后可以恢复补充，很少产生污染。广义的绿色能源则包括在能源的生产及其消费过程中，选用对生态环境低污染或无污染的能源，如天然气、清洁煤和核能等。

太阳能无疑是储量最大的绿色能源。太阳能是太阳内部连续不断的核聚变反应过程产生的能量，太阳每秒钟照射到地球上的能量就相当于 500 万吨煤。地球上的风能、水能、海洋温差能、波浪能和生物质能以及部分潮汐能都来源于太阳。地球上的化石燃料（如煤、石油、天然气等）从根本上说也是远古以来储存下来的太阳能，所以广义的太阳能所包括的范围非常大，狭义的太阳能则限于太阳辐射能的光热、光电和光化学的直接转换。太阳能既是一次能源，又是可再生能源。它资源丰富，既可免费使用，又无须运输，对环境无任何污染（图 6-26、图 6-27）。

图 6-26　波浪能与潮汐能发电设备

图 6-27　海洋温差能发电设备

6.3　声学常识及声的利用

声音是由声源作周期或非周期性振动而产生的。

声音，是一种能量波。过大过强的声音可以震碎玻璃，也可引发人耳失聪（图 6-28）。

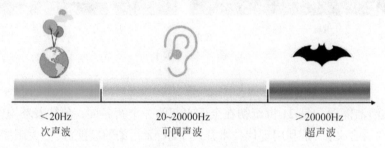

<20Hz　　　　20~20000Hz　　　　>20000Hz
次声波　　　　可闻声波　　　　超声波

图 6-28　声音的频率

虫鸣鸟语，潺潺流水，空山回响，是我们在大自然中最常听到的声音。实际上，万事万物，都有它的声音，只是很多声音，人类的耳朵根本听不到而已。

电闪雷鸣是自然界中的一种现象。闪电中蕴含着巨大的能量，它可以劈开大树，焚毁建筑，造成巨大的破坏。但无疑，闪电也是一个巨大的潜在能量库，虽然现在人类还不能驾驭闪电，但未来人类一定会找到适合的方法从中获取能量。

人本身就是一种会发声的生物。口技与歌曲演唱，体现出人类对自身的自然声音的掌控能力。而能说能写的人类语言，也是一种特殊的声音现象。

各种乐器的声音，属于人工声音。正是利用了声音的能量，配合巧妙的乐器结构设计，结合吹拉弹奏等不同操作方式，才产生了美妙动听的音乐与节奏（图 6-29）。

图 6-29　人的发声现象与人工声音

乐器，是人类最早对声的利用。而随着当代电子技术的发展，人们对声的利用和运用，也变得更加扩展和深入。

麦克风以及各种电子音响设备的发明，不仅放大声音，也放大了人类的音乐舞台，加速了音乐的市场化与产业化发展，也带动了影视歌等娱乐业的兴起（图 6-30）。

图 6-30　各种音响设备

　　图 6-31 是一个名为"天籁 Trees of Music"的空间装置艺术。把笛子架到空间结构里面去，利用自然之风使笛子发出声音。经过精密测算获得摇曳的幅度，确定笛孔的位置以及笛子的数量和所处空间，从而创造了一个空间与声音的交互装置，带给观赏者以全新的视听体验，倾听自然的声音，与自然沟通。

图 6-31　天籁 Trees of Music

　　谷歌眼镜是由谷歌公司于 2012 年 4 月发布的一款"拓展现实"眼镜，它具有和智能手机一样的功能，可以通过声音控制拍照、视频通话和辨明方向以及上网冲浪、处理文字信息和电子邮件等（图 6-32）。

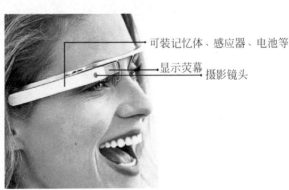

可装记忆体、感应器、电池等

显示荧幕

摄影镜头

图 6-32　谷歌眼镜

6.4 光学常识及光的利用

6.4.1 光的概念

从科学上讲，光是指所有的电磁波谱。而通常我们所说的光是太阳光，是人眼可以看见的一系列电磁波，也称可见光谱。光是由光子为基本粒子组成的，可以在真空、空气、水等透明的物质中传播。我们一般用照度和亮度来描述它。

照度：被照物体单位面积上的光通量，单位为 Lux。照度大小决定了光的强度大小。常见照度：夏日阳光下为 1×10^5Lux；阴天室外为 1×10^4Lux；室内日光灯为 100Lux；距 60W 台灯 60cm 桌面为 300Lux；电视台演播室为 1000Lux；黄昏室内为 10Lux；夜间路灯为 0.1Lux；烛光（20cm 远处）为 10～15Lux。

亮度：指一个表面的明亮程度，以 L 表示。不同物体对光有不同的反射系数或吸收系数。例如，一张白纸大约吸收入射光量的 20%，反射光量为 80%；黑纸只反射入射光量的 3%。所以，白纸和黑纸在亮度上差异很大。

1665 年，牛顿 (Isaac Newton) 进行了太阳光实验，让太阳光通过窗板的小圆孔照射在玻璃三角棱镜上，光束在棱镜中折射后，扩散为一个连续的彩虹颜色带，牛顿称其为光谱，表示连续的可见光谱（图 6-33）。

牛顿认为白光（太阳光）是复杂的，由无数种不同的光线混合，各种光线在玻璃中受到不同程度的折射。棱镜没有改变白光而只是将它分解为简单的组成部分，把这些组成部分混合，能够重新恢复原来的白色。利用第二块棱镜可以将扩散的光再次合成为白光。在重新合成之前，通过屏蔽部分光谱，可以产生各种颜色。实验表明：如果在红、绿、蓝区域选择部分光谱，这三者适当的混合可以再现白光。所以，红、绿、蓝这三种颜色就称为三原色（RGB）（图 6-34）。

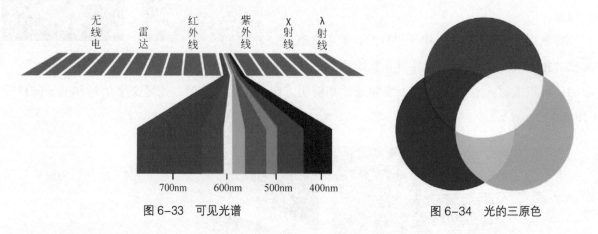

图 6-33 可见光谱　　　　　　　　　　　　　　图 6-34 光的三原色

6.4.2 自然界中的光

火焰、彩虹、彩霞、日晕、极光，以及颇具神秘色彩的海市蜃楼、佛光现影、大气透镜等，都是地球大气层产生的光学现象。

雨过天晴，经常会看到有彩虹挂在天际。这是阳光照射到半空中的雨点，光线被折射及反射，就会在天空上形成拱形的七彩的光谱。彩虹正是分解了太阳光而呈现出 7 种颜色：红、橙、黄、绿、青、蓝、紫（图 6-35）。

图 6-35 彩虹

6.4.3 光的利用

人类很早就发现光与成像的奇妙关系，并学会利用其中特点来创造物品，满足人的各种需要。

早在 15 世纪，人们就知道使用天然水晶和玻璃制作眼镜，为视力不好的人带来方便和福音，这正是利用了光的折射聚焦原理（图 6-36）。

(a) 凸镜成像

(b) 凹镜成像

图 6-36 光学成像

放大镜、望远镜、显微镜和照相机，都是现代光学技术发展的结果，它们都利用了小孔成像原理和凸透镜屈光效应（图 6-37）。

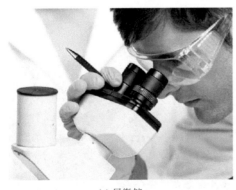

(a) 显微镜

(b) 放大镜

图 6-37 光学成像设备

(c) 望远镜　　　　　　　　　　(d) 天文望远镜

(e) 数码相机　　　　　　　　　(f) 光学相机

图 6-37（续）

皮影戏，我国民间传统戏剧剧种之一，也是利用光与影的变化，创造出生动形象的艺术人物和津津乐道的故事情节（图 6-38）。

图 6-38　皮影艺术

同样利用光与影营建的错视效果，人们创造了美轮美奂的窗子艺术（图 6-39）。

图 6-39　光影艺术

某些新型感光材料，受到光照会发生颜色变化现象。利用此特点设计出的彩虹灯，可以模拟出从日出到日落的光谱变化，配合可移动光源反射出的柔美光线，还原出一天中大自然色彩的变化，带给人神奇美妙的视觉享受（图 6-40）。

图 6-40　彩虹灯

　　数字化电子设备是当代社会必不可少的工具，而各种各样的显示器更是数字信息集中展示的硬件平台，而显示器就是利用了光电效应原理。显示器技术的发展和进步，正是光与电创造奇迹的见证（图 6-41）。

图 6-41　数字显示技术

6.5　电学常识及电的利用

6.5.1　电的概念

　　电是一种自然现象，也是一种能量形式（图 6-42）。电是像电子和质子这样的亚原子粒子之间产生排斥力和吸引力的一种属性，是自然界四种基本相互作用之一。自然界四种基本相互作用分别为：万有引力（简称引力）、电磁力、强相互作用、弱相互作用。电的属性通常用以下几个指标来衡量。

图 6-42　电与电现象

电压：也称作电势差或电位差，电压的方向从高电位指向低电位的方向，此概念与水位高低所造成的"水压"相似，普遍应用于一切电现象当中。电压的国际单位为伏特(V)，简称伏。人体较长时间接触而不致发生触电危险的电压称为安全电压，目前以电气设备对地电压值为依据可分为高电压和低电压（一般对地电压高于1000V为高压）。

电流：表示电流强弱的物理量，通常用字母I表示，它的单位是安培，符号A，也是指电荷在导体中的定向移动。电或电荷有两种，我们把一种叫做正电，另一种叫做负电。

欧姆定律：在同一电路中，通过导体的电流跟导体两端的电压成正比，跟导体的电阻阻值成反比，这就是欧姆定律。其基本公式为

$$I=\frac{U}{R}$$

电功：电能转化成多种其他形式能的过程也可以说是电流做功的过程，有多少电能发生了转化就说电流做了多少功，即电功是多少。

电功率：电流在单位时间内做的功叫电功率，是用来表示消耗电能的快慢的物理量，用P表示，它的单位是瓦特，简称瓦，符号是W。电流做功的多少跟电流的大小、电压的高低、通电时间长短都有关系。

还用一些电力学相关概念，在电子电气类产品设计时经常要考虑到。

导体：容易导电的物体叫导体，如金属、人体、大地、盐水、溶液等。电流通过导体损失的电量越少，导体的导电性越好（图6-43、图6-44）。

图6-43 导体材料

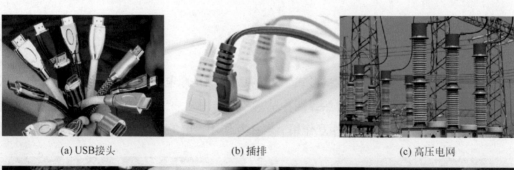

(a) USB接头　　　(b) 插排　　　(c) 高压电网

(d) 土壤金属分析仪　　　(e) 电子按摩器　　　(f) 焊接线路的导电液

图6-44 导体应用

162

(g) 液体导电发光

图 6-44（续）

　　绝缘体：不容易导电的物体叫绝缘体，如玻璃、陶瓷、塑料、橡胶、油料等（图 6-45）。

　　半导体：导电性能介于导体与绝缘体之间的材料，如锗、硅、硒、砷化镓及许多金属氧化物和金属硫化物等（图 6-46）。

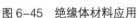

图 6-45　绝缘体材料应用

图 6-46　半导体

　　强电：强电这一概念是相对于弱电而言。强电与弱电是以电压分界的，工作电压在交流 220V 以上为强电，以下为弱电。

　　强电范畴：电力工程 (10kV 以上)、供配电工程（10kV/380V/220V）均属于强电。强电设备有高压断路器、高压柜、变压器、插座等，这些设备的工作电压都在 220V 以上。

　　弱电：一般是指直流电路或音频、视频线路、网络线路、电话线路，直流电压一般在 36V 以内。家用电器中的电话、计算机、电视机的信号输入（有线电视线路）、音响设备（输出端线路）等电路设备均为弱电电气设备。

　　强电的频率一般是 50Hz(赫)，称"工频"，意即工业用电的频率；弱电的频率往往是高频或特高频，以 kHz（千赫）、MHz（兆赫）计。强电以输电线路传输，弱电的传输有有线与无线之分，无线电则以电磁波传输。强电功率以 kW（千瓦）、MW（兆瓦）计，电压以 V（伏）、kV（千伏）计，电流以 A（安）、kA（千安）计。弱电功率以 W（瓦）、mW（毫瓦）计，电压以 V（伏）、mV（毫伏）计，电流以 mA（毫安）、μA（微安）计。

　　串联：连接电路元件的基本方式之一，将电路元件 (如电阻、电容、电感等) 逐个顺次首尾相连接。将各用电器串联起来组成的电路叫串联电路。串联电路中通过各用电器的电流都相等。

　　串联电路的特点：

　　（1）串联电路电流处处相等：$I_总 = I_1 = I_2 = I_3 = \cdots = I_n$。

　　（2）串联电路总电压等于各处电压之和：$U_总 = U_1 + U_2 + U_3 + \cdots + U_n$。

　　（3）串联电阻的等效电阻等于各电阻之和：$R_总 = R_1 + R_2 + R_3 + \cdots + R_n$。

并联：把电路中的元件并列地接到电路中的两点间，电路中的电流分为几个分支、分别流经几个元件的连接方式叫并联。

　　并联电路的特点：

（1）各元件两端电压相等：$U_总=U_1=U_2=U_3=\cdots=U_n$。

（2）流入两端点的电流等于流经各元件的电流之和：$I_总=I_1+I_2+I_3+\cdots+I_n$。

（3）总电阻的倒数等于各元件电阻的倒数之和：$\dfrac{1}{R}=\dfrac{1}{R_1}+\dfrac{1}{R_2}+\dfrac{1}{R_3}+\cdots+\dfrac{1}{R_n}$。

6.5.2　自然界中的电

　　闪电：一种自然现象，通常是暴风云（积雨云）产生电荷，底层为阴电，顶层为阳电，而且还在地面产生阳电荷，如影随形地跟着云移动。正电荷和负电荷彼此相吸，但空气却不是良好的传导体。正电荷奔向树木、山丘、高大建筑物的顶端甚至人体之上，企图和带有负电的云层相遇；负电荷枝状的触角则向下伸展，越向下伸越接近地面。最后正负电荷终于克服空气的阻障而连接上。巨大的电流沿着一条传导气道从地面直向云涌去，产生出一道明亮夺目的闪光（图6-47）。

　　静电：一种处于静止状态的电荷。在干燥和多风的秋天，人们常常会碰到这种现象：晚上脱衣服睡觉时，黑暗中常听到噼啪的声响，而且伴有蓝光；见面握手时，手指刚一接触到对方，会突然感到指尖针刺般刺痛，令人大惊失色；早上起来梳头时，头发会经常"飘"起来，越理越乱；拉门把手、开水龙头时都会"触电"，时常发出"啪、啪"的声响，这就是发生在人体的静电（图6-48）。

图6-47　闪电现象　　　　　　　　图6-48　静电现象

　　电波：也称电磁波，指在空间传播的周期性变化的电磁场。无线电波和光线、X射线、γ射线等都是波长不同的电磁波。电波受媒质和媒质交界面的作用，产生反射、散射、折射、绕射和吸收等现象，使电波的特性参量如幅度、相位、极化、传播方向等发生变化（图6-49）。

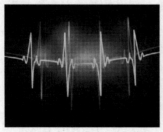 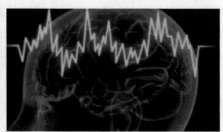

图6-49　电波示意图

　　利用电波的特性设计的电波表，可以接收标准时间信息的电波，自动校对时间，30万年误差不会超过1s（图6-50）。

图 6-50　电波表

6.5.3　电的利用

当今人们利用电的方式主要有两种，一是把电作为一种通用能源，为各种机械做功提供动力源，另一方面是把电转化成其他形式的信号，如光学信号、声学信号，甚至是气味信号。电能是当代社会主要的能源提供方式，人们的日常起居，学习工作，无时无刻不需要使用电器产品。电与人类生活密切相关（图 6-51、图 6-52）。

图 6-51　LED 灯与车的仪表盘

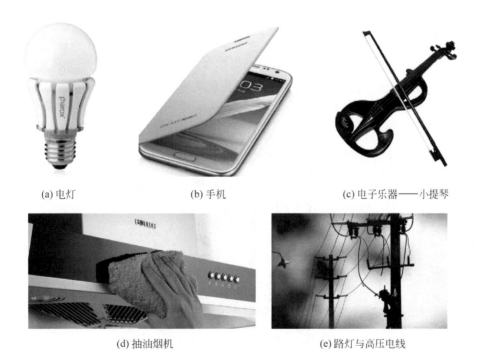

(a) 电灯　　　　　　　　(b) 手机　　　　　　(c) 电子乐器——小提琴

(d) 抽油烟机　　　　　　　(e) 路灯与高压电线

图 6-52　电的应用与传输

6.6 热力学与传热学常识

人的日常工作、体育运动、上课学习和从事其他一切活动，以及人体维持正常体温、各种生理活动都要消耗能量。就像蒸汽机需要烧煤、内燃机需要用汽油、电动机需要用电一样，人的活动需要热能。

任何物体都具有热能。热能，又称热量、能量等，它是生命的能源。本质上讲，热能是分子内能的一部分。而热能在宏观物体上表现出来的特性，更值得研究和运用，这就是热力学的研究范畴。

6.6.1 热力学与传热学概念

热力学，全称热动力学，是研究热现象中物质系统在平衡时的性质和建立能量的平衡关系，以及状态发生变化时系统与外界相互作用（包括能量传递和转换）的学科。热力学主要是从能量转化的观点来研究物质的热性质，它揭示了能量从一种形式转换为另一种形式时遵从的宏观规律。

热力学包括三大定律：

第一定律：能量守恒定律。

第二定律：热量可以自发地从较热的物体传递到较冷的物体，但不可能自发地从较冷的物体传递到较热的物体。

第三定律：绝对零度时（即 –273.15℃），所有纯物质的完美晶体的熵值为零。绝对零度不可达到。

工程热力学是关于热现象的宏观理论，研究的方法是宏观的，它以归纳无数事实所得到的热力学三个定律作为推理的基础，通过物质的压力、温度、体积等宏观参数和受热、冷却、膨胀、收缩等整体行为，对宏观现象和热力过程进行研究。

热力学系统：热力学分析研究的有限物质系统。与热力系统发生质能交换的物质体系称为外界，系统与外界之间的分界面称为边界，热力学系统与外界之间通过做功、热传递和粒子交换而相互联系。热力学系统分为以下三种。

（1）敞开系统：与环境之间既有能量传递，也有物质传递。

（2）封闭系统：与环境之间只有能量传递，没有物质传递。

（3）孤立系统：与环境之间既没有能量传递，也没有物质传递。

热量时刻处于转化和移动中，热量变化的直观表象就是温度的变化。例如，人感到寒冷就是体内产生的热量少，散发到外界的热量多，表层体温有所下降。相反，感到温暖或感到奇热无比就是体内产生或进入体内的热量远远大于散发出去的热量，身体体表温度上升。这就是传热学研究的现象。

传热学是研究物体内部或物体与物体之间由温度差引起热量传递过程的学科。传热的基本方式有导热、对流传热和辐射传热。传热不仅是常见的自然现象，而且广泛存在于工程技术领域，如何提高锅炉的蒸汽产量、如何防止燃烧室过热、如何减小汽缸和曲轴的热应力、如何控制热加工时零件的变形等，都是典型的传热问题。

6.6.2 自然界中的热

岩浆：地下熔融或部分熔融的岩石。当岩浆喷出地表后，则被称为熔岩。目前人类对岩浆的利用还很有限（图 6-53）。

图 6-53 岩浆与熔岩

地热：来自地球内部的一种热能资源。地球内部是一个巨大的热库，比如火山喷出的熔岩温度高达 1200 ~ 1300℃，天然温泉的温度大多在 60℃以上，有的甚至高达 100 ~ 140℃，这些来自地球内部的热量都可以转化为能源。当这种热量渗出地表时，便成了地热资源（图 6-54）。

图 6-54 地热景观与温泉

6.6.3 热的利用

人类对热的利用由来已久，从钻木取火到如今的中央空调，人们创造了许多利用和控制热的方法和技术，才有了今天舒适宜人的生活环境。

火是最早也是最常用的热量来源，在古代，人们就利用火的热量取暖、吓跑野兽，还可以烤干衣服、煮熟食物、照明、传递信号、制造烟花爆竹（图 6-55）。

(a) 孔明灯　　　　　　(b) 火炬　　　　　　(c) 狼烟

图 6-55 火的应用

(d) 烟花　　　　　　　　　　　　　(e) 烧烤

图 6-55（续）

现代人类对热的控制能力大大增强，可以利用蒸汽热量制造内燃机，发动机，驱动大型机械设备的运行（图 6-56）。暖气、风扇、冰箱、空调的创造，更是大大增强了人类对冷热的精确而全面的控制能力（图 6-57）。

图 6-56　内燃机火车

(a) 电热油汀　　　　(b) 风扇　　　　(c) 壁挂式冰箱　　　　(d) 分体式冰箱

(e) 空调百叶窗　　　　(f) 温泉洗浴　　　　(g) 阳光集热器

图 6-57　冷热调控产品及应用

6.7 无形的能量场——空气动力学

空气动力学是流体力学的一个分支，它主要研究物体在同气体作相对运动情况下的受力特性、气体流动规律和伴随发生的物理化学变化。它是在流体力学的基础上，随着航空工业和喷气推进技术的发展而成长起来的一个学科。

6.7.1 汽车空气动力学

汽车空气动力学是空气动力学的分支之一，重点研究高速运行车体周围形成湍流对汽车速度的影响。

1953—1955 年的 Turin 汽车展上，博通都会联手阿尔法·罗密欧推出一款蝙蝠概念车。这些概念车都是以 1900 车型的底盘为基础设计制造的，并将空气动力学的原理运用到设计中去。蝙蝠概念车是双门跑车成功运用空气动力学的典型代表（图 6-58）。

(a) 阿尔法·罗密欧Pandion概念车　　　　　　(b) 阿尔法·罗密欧8C Spider

图 6-58　空气动力学影响下的汽车外观设计

汽车在行驶时不可避免地产生阻力，阻力的大小是与阻力系数 (也叫牵引系数、风阻系数)、正面接触面积和车速的平方成比例的。研究发现，一辆时速 120 英里①的轿车所遇到的阻力是一辆时速 60 英里的轿车的 4 倍。如果我们不改变一辆轿车的形状，而将其最高时速从 180 英里提高到 200 英里的话，我们需要将其最大输出功率从 390 马力提升到 535 马力。如果我们把时间和资金花在风洞研究上，只要将其阻力系数从 0.36 降低到 0.29 就能够达到同样的效果，所以很多厂商普遍认同改善空气动力性能常常是性价比最高的方法（图 6-59）。

图 6-59　汽车的风洞测试

---

① 1 英里 =1.609km。

另一个重要的空气动力学因素是升力。由于轿车顶部的气流移动的距离要长于轿车底部的气流（即形成湍流），所以前者的速度会比后者快。根据伯努利（瑞士物理学家）原理，速度差会在上层表面产生一个净负压，我们将其称为"升力"。像阻力一样，升力也是与面积（不过是表面积而不是正面面积）、车速的平方和升力系数成比例的，而升力系数是由形状决定的。在高速行驶时，升力可能会被提升到一个足够高的程度，从而让轿车变得很不稳定。升力对于车尾的影响更为重要，这一点很好理解，因为后挡风玻璃的周围存在一个低压。如果升力没有被充分抵消，后轮就很容易发生滑移，这对于一辆以时速 160 英里飞驰的轿车是很危险的。

汽车轮廓、汽车尾部、汽车车轮轮腔、汽车后视镜等区域，是湍流易集中区域，好的造型设计可以大大减少湍流形成，为汽车提供更大的速度和加速度。

从图 6-60 中可以看出，左图车款的湍流明显大于右图车款，所以右图车款的造型更合理，更符合空气动力学要求。

图 6-60　汽车外观造型对气流的影响

6.7.2　飞行器空气动力学

航空要解决的首要问题是如何获得飞行器所需要的升力、减小飞行器的阻力和提高飞行速度。这就要从理论和实践上研究飞行器与空气相对运动时作用力的产生及其规律。在高速运动的情况下，必须把流体力学和热力学这两门学科结合起来，才能正确认识和解决高速空气动力学中的问题。

边界层理论极大地推进了空气动力学的发展。1946 年，美国人琼斯提出了小展弦比机翼理论，利用这一理论和边界层理论，可以足够精确地求出机翼上的压力分布和表面摩擦阻力。近代航空和喷气技术的迅速发展使飞行器的飞行速度迅猛提高（图 6-61）。

(a) F-18战斗机　　　　　　　　　　　　　　(b) F-35战斗机

图 6-61　飞行器与飞行器引起的气流现象

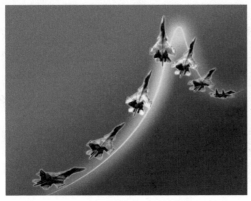

(c) 苏伊霍战斗机眼镜蛇机动   (d) 飞机涡流

图 6-61（续）

　　根据流体运动的速度范围或飞行器的飞行速度，空气动力学可分为低速空气动力学和高速空气动力学，通常以 400km/h 作为划分的界线。在低速空气动力学中，气体介质可视为不可压缩的，对应的流动称为不可压缩流动。大于这个速度的流动，须考虑气体的压缩性影响和气体热力学特性的变化。这种对应于高速空气动力学的流动称为可压缩流动。超音速空气动力学研究当流动速度大于音速时的情况，比如计算协和飞机在巡航状态下的升力就是一个超音速空气动力学问题（图 6-62）。

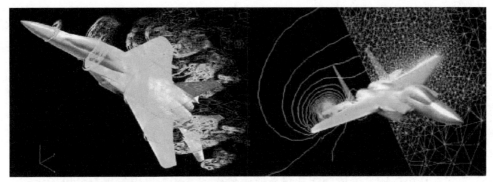

(a) 利用现代计算流体力学软件在计算机上生成的F-15 65°迎角下多个剖面的气流状况

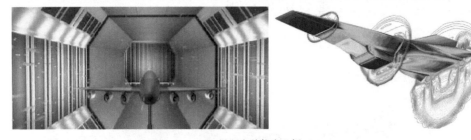

(b) 风洞实验信息分析

(c) 模型参数提取CAD技术   (d) 超音速飞机的尾流现象

图 6-62 超音速飞行器

空气动力学因为讨论的状况接近真实流体，考虑了真实流体的黏滞性、可压缩性、三维运动等特点，所以得到的计算方程式比较复杂，通常为非线性的偏微分方程式形式。这种方程在绝大多数情况下都难以求得解析解，加之早期计算技术还比较落后，所以当时大多是以实验的方式来求得所需的数据。

随着计算机技术的迅速发展，使用计算机进行大量数值运算来求解空气动力学方程式成为可能。利用数值法以及计算流体力学方法，可以求出非线性偏微分方程的数值解，得到所需要的各种数据，从而省去了大量的实验成本。由于数学模型的不断完善以及计算机计算能力的不断提高，现在已经可以采用计算机模拟流场的方式来取代部分空气动力学实验。

借助风洞实验和计算机模拟技术，人们可以精确计算空气动力学和热力学影响，从而不断设计出速度越来越高的飞行器。

除了上述由航空航天事业的发展推进空气动力学的发展之外，20世纪60年代以来，由于交通、运输、建筑、气象、环境保护和能源利用等多方面的发展，出现了工业空气动力学等分支学科。

6.7.3　工业空气动力学

工业空气动力学一词最早见于20世纪60年代初，迄今仍在欧洲使用，在美国和其他一些地区自70年代起已逐渐被"风力工程"一词取代。它是空气动力学同气象学、气候学、结构动力学、建筑工程等相互渗透而形成的一门新兴学科，主要研究在大气边界层中风与人类活动及其劳动产物间的相互作用规律。

工业空气动力学不仅研究风在大气边界层内的特性，如大气湍流、台风、龙卷风、低空急流和雷暴等，还研究所有地面上特有的空气动力现象，比如将汽车放到风洞里吹风，可以观察汽车周围的气流形态，然后设计改形，减小阻力来节省汽油、减少噪声。

大城市的建筑群布局不合理，楼间会形成很强的风场，在北京的大风天尤为如此。桥梁也面临类似的问题，特别是气流的波动频率和建筑物的固有振动频率相近时，就会使建筑物强烈振动，比如水泥钢筋的桥梁，就会被看不见摸不着的风儿给吹折了。城市建筑群落会形成热岛效应，使得城市中心地带温度更高。

图6-63为北京某小区的夏季风场图和热岛效应分析图，从中可以看出符合风场走向的建筑布局可以有效带走小区环境产生的热量，避免形成热岛效应。

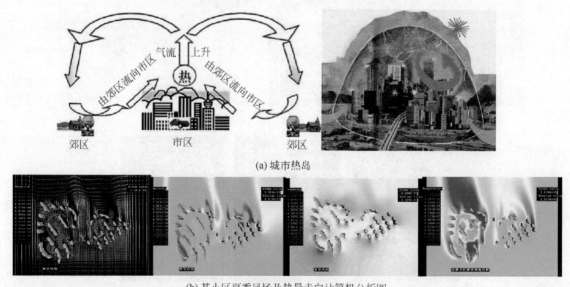

(a) 城市热岛

(b) 某小区夏季风场及热量走向计算机分析图

图6-63　城市热岛现象

除了热岛效应，城市建筑还会形成街道风效应。建筑或建筑群所诱致的局部风场，也称为建筑的街道风效应，这项研究的目的是使环境的布置更能满足人们的需要，也为建筑物顶部或附近是否适合建立直升飞机场提供依据。此外，还探讨改变或控制风场的措施（图6-64）。

图 6-64　城市建筑与风向——北京凤凰卫视媒体中心

　　风对建筑物和构筑物的作用是工业空气动力学最早的研究内容。其中包括风对房屋、桥梁、烟囱、电视塔、空中电缆、雷达天线、冷却塔和广告牌等的作用，如平均风载荷、脉动风载荷、风振、通风和热损失等。风振是由于气流中的湍流脉动或脱体旋涡下曳或驰振等引起的。物体的振动又反过来影响风的作用力。结构的正确设计须考虑在不同情况下这些静载荷和动载荷以及它们的相互作用，并研究如何采取措施防止发生共振。此外，确定果园、森林等的种植布置方式以避免风害，也是这方面研究的课题（图6-65）。

(a) 台中会展中心

(b) 美国达拉斯废弃街垂直农场

(c) 法国山林办公室

图 6-65　减少风害的新型城市建筑

风引起的质量问题，包括气体、液体或固体迁移，大气污染物的排放、扩散和弥散规律同污染浓度的预测和环境质量的评价有密切关系。掌握这些规律就能采取措施减轻环境污染。例如雾霾问题，就需要人们对于在不同的气象和不同的地形地貌（特别是复杂的城市环境、高楼夹道和山区等处）条件下的大气湍流扩散规律进行研究。另外，防止沙漠的迁移，雪在公路、建筑物附近的堆积和种子的传播等，也都是重要的研究课题。

近年来有的国家由于风灾造成的损失每年高达五亿美元，而且数字还在增大。人们对风振和风引起的噪声的不安全感，大气污染和能源的利用等问题对社会、经济、心理、生理等的影响都需要进行综合考虑，这些也是工业空气动力学的研究范畴 (图 6-66)。

(a) 雾霾与沙尘暴

(b) 台风

图 6-66　城市风灾与风害现象

6.8　产品的造血机制——液压及气动装置

人的生命体征维系、人体关节的活动都要持续不断地消耗能量，这些能量正是依靠血管里的血液来传递和提供的。流动的血液，以红细胞为载体，夜以继日地将氧气输送到身体的各个器官，这正是一个流体传动做功的过程。

流体传动就是用流体作为工作介质的一种传动。依靠液体的静压力传递能量的称为液压传动，依靠叶轮与液体之间的流体动力作用传递能量的称为液力传动，利用气体的压力传递能量的称为气压传动。这里主要介绍液压传动和气压传动。

流体传动系统中最基本的组成部分是：将机械能转换成流体压力能的转换元件，如压缩机、液压泵；将流体压力能再转换成机械能的转换元件，如气动马达、液压缸，这种转换元件也称为执行元件；对流体能量进行控制的各种控制元件，如液压控制阀。

6.8.1　液压传动与液压装置

液压传动的工作原理是利用液压泵将原动机的机械能转换为液体的压力能，通过液体压力能的变化来传递能量，经过各种控制阀和管路的传递与控制，借助于液压执行元件（缸或马达）把液体压力能转换为机械能，从而驱动工作机构，实现直线往复运动和回转运动。

液压传动以其他传动方式无法比拟的优点，广泛用于机床、汽车、飞机、船舶、工程机械、塑料机械、实验机械、冶金机械和矿山机械等方面（图 6-67）。

除了大型机械，日常生活中也常见小型液压装置和设备，如顶起重物用的千斤顶。液压千斤顶采用柱塞或液压缸作为刚性顶举件，其构造简单，重量轻，便于携带，移动也十分方便，是汽车维修的必备工具（图 6-68）。

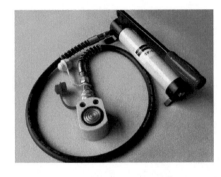

图 6-67　液压工程机械　　　　　　　　　　　图 6-68　千斤顶

与机械传动不同，液压传动结构简单，可以根据需要方便、灵活地来布置。液压装置重量轻、体积小、运动惯性小、反应速度快，操纵控制方便，可实现大范围的无级调速（调速范围达2000 ：1），还可自动实现过载保护。液压装置一般采用矿物油作为工作介质，相对运动面可自行润滑，使用寿命长，当采用电液联合控制后，不仅可实现更高程度的自动控制过程，而且可以实现遥控。但由于流体流动的阻力和泄漏较大，所以效率较低。如果处理不当，不仅污染场地，而且还可能引起火灾和爆炸事故，因此不宜在很高或很低的温度条件下工作。此外，液压传动出故障时不易找出原因，使用和维修要求较高。

6.8.2　气压传动

气压传动的工作原理是利用空气压缩机将电机输出的机械能转换为空气的压力能，在控制元件的作用下，通过执行元件把压力能转化为机械能，并对外做功。

气动装置结构简单，过载能自动保护。气动动作迅速，反应快。气动元件可靠性高，寿命长，并且具有较强的自保持能力。由于其工作介质是空气，可节约能源，并且不易堵塞，不污染环境，可用于易燃、易爆、多尘、辐射等恶劣环境中。但是系统的动作稳定性差，会产生较大的噪声。由于其信号传递速度较慢，不宜用于信号传递较复杂的线路中。工作压力较低，也会使输出力受限制。

气动技术目前发展很快，广泛应用于机械、电子、轻工、纺织、食品、医药、航空、交通等行业，尤其是在实验控制中的应用，例如微机控制气压传动实验台（图 6-69）。

在交通系统中，气压传动也有着不可忽视的用途，其中最常见的就是在实现公交车门开关的关键部件气动门泵上的应用：以汽缸活塞的伸出和收缩运动，通过驱动连杆机构，实现公交车门的开关动作（图 6-70）。

图 6-69　气动技术

图 6-70　气动门阀

6.8.3　气弹簧

　　气弹簧是一种可以起支撑、缓冲、制动、高度调节及角度调节等功能的配件。根据不同的特点及应用领域，它又被称为支撑杆、调角器、气压棒、阻尼器等。它的基本原理是在密闭的腔体内压入惰性气体和油或油气混合物。根据气弹簧的结构和功能，主要有自由型、自锁型、随意停、牵引式、阻尼器几种。

　　自由型气弹簧又叫支撑杆。它主要起支撑作用，只有最短、最长两个位置，在行程中无法自锁，应用最为广泛（图 6-71）。

图 6-71　汽车后备箱的支撑杆

　　自锁型气弹簧，只要压缩一下，就会自动解锁并自动撑开，操作简单、使用方便，多用于沙发、床等较大家具，可保证操作者的身体安全（图 6-72）。

　　随意停气弹簧，又叫摩擦式气弹簧，其外形和自由型气弹簧一样，它的特点介于自由型和自锁型之间：不需要任何的外部结构而能停在行程中的任意位置，但没有额外的锁紧力。目前，在医疗器械、展示柜以及其他橱柜上用得比较多（图 6-73）。

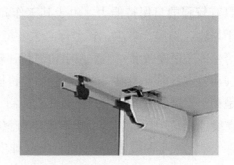

图 6-72　用于床架部分的自锁型气弹簧

图 6-73　摩擦式气弹簧

空气弹簧，又叫阻尼器，是利用空气作为弹性介质的减震器件，能在任何载荷作用下保持自振频率不变，通过调整内部压力可获得不同的承载能力。常用于车辆的悬架和机械设备的防震系统（图6-74）。

图 6-74　空气弹簧（阻尼器）

　　牵引式气弹簧，自由状态在最短的位置，受到牵引时从最短处向最长处运行。牵引式气弹簧中也有相应的自由型、自锁型等（图6-75）。

图 6-75　大型气弹簧

6.9　超越与升级——新型能源

　　新能源是相对于常规能源说的，有核能、太阳能、风能、生物质能、氢能、地热能和潮汐能等许多种。
　　新能源的共同特点是比较干净，除核裂变燃料外，几乎是永远用不完的。由于煤、油、气常规能源具有污染环境和不可再生的缺点，因此，人类越来越重视新能源的开发和利用。下面对以上新能源逐一进行介绍。

6.9.1　核能技术

　　核能（或称原子能）是通过转化其质量从原子核释放的能量，核能有核裂变能和核聚变能两种。核裂变能是指重元素（如铀、钍）的原子核发生分裂反应时所释放的能量，通常叫原子能。核聚变能是指轻元素（如氘、氚）的原子核发生聚合反应时所释放的能量。

从 1954 年世界上第一座原子能电站建成以后，全世界已有 20 多个国家利用核裂变技术建成 400 多个核电站，发电量占全世界 16%。我国自己设计制造建成的第一座核电站是浙江秦山核电站(30 万 kW)；引进技术建成的是广东大亚湾核电站 (180 万 kW)。

核聚变技术，是在极高温度下把两个以上轻原子核聚合，也称为热核反应。由于聚变核燃料氘在海水中储量丰富，人类几乎可以用之不尽，所以说，核聚变能将是人类世界永恒发展的能源保证。

图 6-76　核电站

核能的最大优点是无大气污染，集中生产量大，可以替代煤炭、石油和天然气燃料。核电站同常规火电站的区别是核反应堆代替锅炉，核反应堆按引起裂变的中子不同分为热中子反应堆和快中子反应堆。由于热中子堆比较容易控制，所以采用较多（图 6-76 ）。

核能是一种储量充足并被广泛应用的能量来源，而且用它取代化石燃料来发电，温室效应也会减轻。核动力是利用可控核反应来获取能量，从而得到动力、热量和电能。因为核辐射问题以及现在人类还只能控制核裂变，所以核能暂时未能得到大规模的利用。利用核反应来获取能量的原理是：当裂变材料 (例如 U-235) 在人为控制的条件下发生核裂变时，核能就会以热的形式被释放出来，这些热量会被用来驱动蒸汽机。世界各国军队中的大部分潜艇及航空母舰都以核能为动力（图 6-77、图 6-78 ）。

图 6-77　核潜艇　　　　　　　　　　　　　图 6-78　核动力航母

核能虽然属于清洁能源，但需消耗铀燃料，是不可再生能源。此外，核能投资较高，而且几乎所有的国家，包括技术和管理最先进的国家，都不能保证核电站的绝对安全，苏联的切尔诺贝利事故、美国的三里岛事故和日本的福岛核事故影响都非常大；核电站是战争或恐怖主义袭击的主要目标，遭到袭击后可能会产生严重的后果，所以目前发达国家都在缓建核电站，德国准备逐渐关闭目前所有的核电站，以可再生能源代替。

6.9.2　太阳能技术

太阳能是太阳内部连续不断的核聚变反应过程产生的能量。地球轨道上的平均太阳辐射强度为 $1367kW/m^2$。太阳能既是一次能源，又是可再生能源。它资源丰富，既可免费使用，又无须运输，对环境无任何污染。但太阳能也有两个主要缺点：一是能流密度低；二是其强度受各种因素（季节、地点、气候等）的影响，不能维持常量。这两大缺点大大限制了太阳能的有效利用。目前太阳能的应用主要有以下几个方面。

（1）太阳能热利用技术比较成熟，有太阳能热水器、太阳能锅炉烧蒸汽发电、太阳能制冷、太阳能聚焦高温加工、太阳灶等，在工业和民用中应用较多。

（2）太阳能光电转换技术，通过太阳能光电池把光能转换成电能（直流电），主要是光电池制造技术。太阳能电池有单晶硅、多晶硅、非晶硅、硫化镉和砷化锌电池许多种。这种发电技术利用最方便，但大功率发电成本太高。

（3）光化学转换技术，利用太阳能光化学电池把水电解分离产生氢气，而氢气可作为清洁燃料使用。

Light Gap 是一个挂在窗上，吸收太阳能作为能源的挂钟，没有表针，通过表盘的转动来显示时间。白天背板吸收阳光以驱动表盘转动，表盘的缝隙会透出阳光来显示时间，晚上，透过缝隙侧面的 LED 灯发出光芒，来显示时间。该设计作品获得 2010 年德国红点设计概念大奖（图 6-79）。

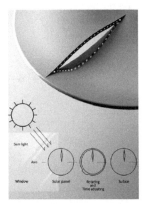

图 6-79 Light Gap 挂钟

太阳能热水器将太阳光能转化为热能，将水从低温加热到高温，供人们在生活、生产中使用。太阳能热水器按结构形式分为真空管式太阳能热水器和平板式太阳能热水器，以真空管式太阳能热水器为主，占据国内 95% 的市场份额。真空管式家用太阳能热水器是由集热管、储水箱及支架等相关附件组成，把太阳能转换成热能主要依靠集热管。集热管利用热水上浮、冷水下沉的原理，使水产生微循环而达到所需热水（图 6-80）。

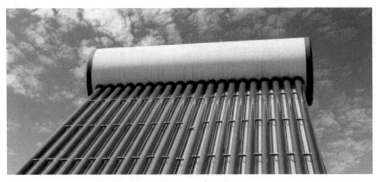

图 6-80 太阳能热水器

空气能热水器这种新型热水器由类似空调室外机的热泵主机和大容量承压保温水箱组成，安装不受建筑物和楼层限制，使用不受气候条件限制，既可作家用的热水供应中心，也能为单位集体提供热水，由于各方面的新型专利技术，该产品不仅安全舒适，而且节能环保，实际使用费用分别相当于电热水器的 1/4，燃气热水器的 1/3。

空气能热水器工作原理是:通过压缩机系统运转工作,吸收空气中的热量制造热水。具体过程是:压缩机将冷媒压缩,压缩后温度升高的冷媒,经过水箱中的冷凝器制造热水。热交换后的冷媒回到压缩机进行下一循环。在这一过程中,空气热量通过蒸发器被吸收导入水中,产生热水(图6-81)。

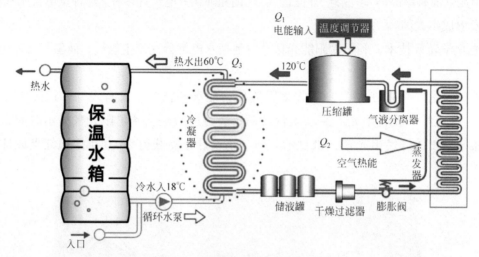

图6-81 空气能热水器工作原理

6.9.3 风能技术

空气流动做功而产生的动能称风能,属于可再生能源。空气流速越高,动能越大。人们可以用风车把风的动能转化为旋转的动作去推动发电机,以产生电力,方法是透过传动轴,将转子(由以空气动力推动的扇叶组成)的旋转动力传送至发电机。

风能是一种机械能。风力发电是常用技术,风电的优点是蕴藏量大、可再生、无污染、占地少、建设周期短、投资灵活、自动控制水平高、运行管理人员少等,缺点是它是一种密度小的随机性能源。大中型风电机组并网发电,已经成为世界风能利用的主要形式。目前世界上最大风力发电机为3200kW,风机直径97.5m,安装在美国夏威夷。我国风力发电装机总共20万kW,最大风力发电机为120 kW(图6-82)。

(a) 风力发电　　　　　　　　　(b) 海风发电

图6-82 风能发电

6.9.4 生物质能技术

生物质是指通过光合作用而形成的各种有机体,包括所有的动植物和微生物。而生物质能

（biomass energy）就是太阳能以化学能形式贮存在生物质中的能量形式，即以生物质为载体的能量。它直接或间接地来源于绿色植物的光合作用，可转化为常规的固态、液态和气态燃料，取之不尽、用之不竭，是一种可再生能源，同时也是唯一一种可再生的碳能源。生物质能的原始能量来源于太阳，所以从广义上讲，生物质能是太阳能的一种表现形式。很多国家都在积极研究和开发利用生物质能。

生物质能是利用动植物有机废弃物（如木材、柴草、粪便等）的技术，主要包括以下几方面。

热化学转换技术，把木材等废料通过气化炉加热转换成煤气，或者通过干馏将生物质变成煤气、焦油和木炭。

生物化学转换技术，主要把粪便等生物质通过沼气池厌气发酵生成沼气，沼气的主要成分是甲烷。沼气技术已在我国农村得到较好的应用，工业沼气技术也开始应用。

生物质压块成型技术，可以把烘干粉碎的生物质挤压成型，变成高密度的固体燃料。

一头牛可以变身小型发电站，一滴废水也可以变成一汪清泉，蒙牛的节水循环生产模式有效利用了生物质能技术，实现了资源循环利用（图6-83）。

"地球竞赛"号舰艇采用生物质能动力，为了提高人们对此次"绿色"环球之行的关注程度，发起者和另外两名志愿者上演了惊人的一幕——进行吸脂手术。手术共"没收"了他们的10升脂肪，这些脂肪足以让"地球竞赛"号航行15km（图6-84）。

图6-83 蒙牛畜禽类生物质能沼气发电厂设备分布图　　图6-84 "地球竞赛"号舰艇采用生物质能动力

6.9.5 氢能技术

氢能是通过氢气和氧气反应所产生的能量。氢能是氢的化学能，氢在地球上主要以化合态的形式出现，是宇宙中分布最广泛的物质，它构成了宇宙质量的75%。工业上生产氢的方法很多，常见的有水电解制氢、煤炭气化制氢、重油及天然气制氢等。

氢气热值高，燃烧产物是水，完全无污染。而且制氢原料主要是水，取之不尽，用之不竭。所以氢能也是前景广阔的清洁燃料（图6-85）。

(a) 氢燃料电池玩具车　　(b) 氢动力概念车　　(c) 宝马氢动力发动机

图6-85 氢动力概念车

6.9.6 地热能技术

地热能来源于地球深处的热能，它源于地球的熔融岩浆和放射性物质的衰变。地热资源是非常巨大的，但是不可能都开发利用，在技术上也无法达到，地热钻探也有一个极限。因此，目前国际上把地热资源的范围规定在地壳表层以下5000m深度以内，温度在150℃以上的岩石和热流体所含的热量。

地热能有蒸汽和热水两种。地热蒸汽有较高压力和温度，可直接通过蒸汽轮机发电；地热热水最好是梯级利用，先将高温地热水用于高温用途，再将用过的中温地热水用于中温用途，然后再将用过的低温地热水再利用，最后用于养鱼、游泳池等。

地热资源种类繁多,按其储存形式可分为蒸汽型、热水型、地压型、干热岩型和熔岩型5大类；按温度可分为高温(高于150℃)、中温(90～150℃)和低温(低于90℃)地热资源(图6-86)。

图6-86 地热

根据地热流体的温度不同，其利用范围也不同。20～50℃:沐浴,水产养殖、饲养牲畜、土壤加温、脱水加工;50～100℃:供暖、温室、家庭用热水、工业干燥;100～150℃:双循环发电、供暖、制冷、工业干燥、脱水加工、回收盐类、罐头食品;150～200℃:双循环发电、制冷、工业干燥、工业热加工;200～400℃:直接发电及综合利用。

我国用于发电的地热资源主要集中在西藏、云南的横断山脉一线，全国地热发电装机容量88%集中在西藏，第一座地热电站羊八井电站总装机容量为25.18MW，年发电量超过1亿kW·h，夏冬两季发电量分别占拉萨电网的40%和60%。羊八井地热的开发利用，开创了国际上利用中低温地热发电的先例。

6.9.7 潮汐能技术

习惯上将潮汐一词狭义理解为海洋潮汐。潮汐是沿海地区的一种自然现象，古代称白天的潮汐为"潮"，晚上的为"汐"，合称为"潮汐"。潮汐能是以势能形态出现的海洋能，是指海水潮涨和潮落形成的水的势能与动能。它包括潮汐和潮流两种运动方式所包含的能量，潮水在涨落中蕴藏着巨大能量，这种能量是永恒的、无污染的能量。

潮汐能利用的主要方式是发电。潮汐发电技术是低水头水力发电技术，容量小，造价高。我国海岸线长达14000km，蕴含着丰富的潮汐能。据估算，全国可开发利用潮汐发电装机容量为2800万kW，年发电700亿kW·h（图6-87）。

图6-87 潮汐能

新能源的开发需要新的技术支持，而新技术的发展又为产品设计提供了新的思路和评测准则。了解能量和能源知识，可以帮助产品设计师更科学、更理性地考量产品的功能原理，选择更为优化的产品动力源。这将为产品概念设计和绿色产品设计的提出和方案构思提供极大的帮助和启发（图6-88）。

图6-88 海上建筑

课题6 参观学校声、光、电、热学实验室

结合学校实验设备资源和网络资源，了解各种声、光、电、热学现象及在实验室中如何模拟各种现象。

进入实验室，首先要了解实验室设备的正确使用原则。

实验室设备通常可分为实验设备及实验室家具。实验设备一般指实验室仪器及装修净化设备等，实验室家具又可以分为台类和柜类。

实验室设备的正确使用原则：

（1）机械类实验设备，使用前必须进行空载运转，确保无故障后方可加载使用。用前润滑，用后擦拭干净，注意日常维护、保养。

（2）实验设备不准随意拆改或解体使用，确因需要开发新功能或改造更新等，需按分级管理权限，履行审批手续后再实施。

（3）经常进行实验设备的保养与维护，并存放在干燥通风之处，待用时间过长的实验设备，应定期通电开机，防止潮霉损坏。

（4）建立大型精度、贵重实验设备技术指标定期校验和标定制度，保持应有的技术指标。做好原始使用记录。

（5）使用实验设备时，要认真阅读技术说明书，熟悉技术指标、工作性能、使用方法、注意事项，

产品设计工程基础

严格遵照仪器使用说明书的规定步骤进行操作。

（6）初次使用实验设备的人员，必须在熟练人员指导下进行操作，熟练掌握后方可进行独立操作。

（7）实验时使用的实验设备及器材，要布局合理，摆放整齐，便于操作、观察及记录等。

（8）电子实验设备通电前，确保供电电压符合实验设备规定输入电压值，配有三线电源插头的实验设备，必须插入带有保护接地供电插座中，保证安全。

（9）使用实验设备时，其输入信号或外接负载应控制在规定范围之内，禁止超载运行。

（10）光学化学仪器及其配件，使用时要轻拿轻放，防止震动。切勿用手触摸光学玻璃表面。发现灰尘及脏物时，不得用手或抹布擦拭，必须使用专用品或专用工具清除。

（11）有些实验设备不宜在磁场或电场中操作使用，必须采取屏蔽措施，防止实验设备损坏或降低测量精度。

下面来了解一下不同实验室的重要不同。

1. 声学实验室

所谓声学实验室，即人造的、理想的、特殊的声学环境，是进行声学研究和环境声学研究的实验场所。

许多环境声学方面的工作，如噪声源测量、气流噪声的研究、听力测定、护耳器的测量、测量仪器的校准，以及吸声材料和隔声结构的研究等都可以在声学实验室中进行。声学实验室通常包括混响室、隔声室和消声室。它具有良好的隔声和隔振性能，并附有控制室，用来放置测试仪器和控制指示设备。

中国科学院声学研究所拥有国内最齐备的音频声学实验系统。专业音频实验室包括一个全消声室、一个半消声室、两个混响室、一套隔声隔振室和一个听音录音室，以及高声强实验室；拥有先进的声学仿真系统，以及完整的、先进的测量仪器设备，可以完成噪声学、电声学、气动声学、高声强与非线性声学、建筑声学等方面的研究工作。

半消声室　　　　　　　全消声室　　　　　　　混响室

随着火箭、导弹和各种类型飞行器的发展，需要建立高声强实验室。这种实验室主要包括一间混响室和几套行波管，特点是声压级高，通常为 170 ~ 175dB。早期声源曾用旋笛，目前大多使用气流扬声器，其声功率达 10kW 以上。主要用于大振幅声波传播试验、噪声环境试验、金属结构试验、精密仪表的声失效试验和生物试验等。

2. 光学实验室

光学实验室的主要设备有光具座、迈克尔逊干涉仪、牛顿环仪、偏振光试验仪、氦氖激光器、读数显微镜、移测显微镜、钠灯等各种光源和配套光学元件等。

光学实验室又可以细分为几何光学实验室、物理光学实验室、量子光学实验室、综合光学实验室以及更多不同用途的实验室。

184

几何光学实验室　　　　　　　　　　　　物理光学实验室

3．电学实验室

电学实验室一般配备有电磁模拟/数字多用表、多功能校准器、标准电容、标准电感、标准电阻、高压源、高压表、绝缘耐压测试仪、功率表等各种实验仪器。

电学实验室常用设备

4．热学实验室

热学实验室的主要设备有液体表面张力系数测定仪、电热法测定液/固体比热容装置、液体汽化热测定仪、液体黏度系数测定仪、数字温度计等。

热学实验室常用设备

第 **7** 章　课题拓展训练

课题拓展实例1　材料研究

材料是人类进行物质生产或生活的必备物质条件和基础。设计师对材料认知的程度越深，越有助于我们把握工艺、控制成本、拓展思路以及增加产品附加值。

课题目的：寻找生活中常见和非常见的材料，以实用化学和实用物理为实验基础，了解不同材料特性，结合产品探索材料发展是如何影响设计思维的。从中培养学生的分析能力与思考能力，提高鉴赏力，有深度地看待产品，从而更加科学地展望未来材料与设计思维，避免天花乱坠的凭空想象和顽固守旧的设计思路。

1. 材料认知和归类

课题要求：尽可能多地收集身边的材料，从外观和重量寻找不同。

提交内容：通过观察对每种材料进行认定，可以以常见和非常见、金属和非金属、自然材料和人工材料进行归类，着重阐述归类缘由。

评价方式：以种类丰富为佳，依据手中材料逐一介绍自身对材料的认知。

2. 材料特点分析（玻璃钢不是钢，火碱不是碱，干冰不是冰）

课题要求：对收集到的材料进行各种化学和力学实验（包括加热、烧烤、浸泡、腐化、砸、弯折、扭拧等），记录材料变化，并制作实验报告，报告共享，取长补短。

提交内容：表格形式的实验报告。

评价方式：以材料种类丰富、同一材料进行实验种类多者为优，着重考量实验次数，并对每一材料的不同实验进行总结。

3. 材料的历史/产品背后的材料发展/材料的前世今生

课题要求：选择当前市场现有的产品，对其不同年代所采用的材料进行搜集，研究材料变更与产品造型、结构、涂装、配色、设计理念之间的关系，了解材料变化的历史，以及材料创新与设计思维的关系。

提交内容：总结可视性媒体资料，并进行讲解。

评价方式：时间逻辑、思维逻辑及其变化的关系，两者间如何互相影响。

4．材料展望

课题要求：再次进行资料互换，以共享的产品材料的发展为基础，展望未来材料发展的方向，以概念的方式进行阐述，着重考量学生在现有研究基础上的展望。

提交内容：以概念的方式进行阐述。

评价方式：在课题中能否深入地研究产品材料，并作为展望未来的基础，思维发散者为优。

课题拓展实例2　产品结构原理研究

中国工业设计教育中偏重艺术与造型的设计，而这种只注重造型、轻视结构和机械原理的误区无法使设计师掌握未来，对产品结构原理的了解可以缩短设计周期、减少思维成本、避免创意中途夭折。

课题目的：本科目着重讲解"连杆机构""凸轮机构""齿轮机构""传动机构"等基础机构，把它们从生活中提炼出来，通过模仿以及重新设计规划等，使机构产生新的功能，通过亲手制作，独立思考设计布局，在实践中理解机械结构基本原理。

1．机构复制

课题要求：通过导师对机构的理论讲解，制作一套独立能动机构，包括动能传送、变向动能传送，使机构发挥最大的性能。

提交内容：所选取基本机构种类报告与实践模型。

评价方式：机构的丰富性、紧密性与实现性。

2．折叠

课题要求：通过对各个机构的研究，选取合理的机构达到空间上的延伸，使产品性能得到延展，减少功能浪费。

提交内容：机构设想的模拟草图与实践模型。

评价方式：机构运用的合理性与产品性能的延展性。

3．小车快跑

课题要求：为达到小车移动的目的，尝试各种机构的组合，探讨相同动力源下，不同机构组合对小车行驶的影响，寻找最优组合。

提交内容：表格式实验报告与最优组合模型，设计感言。

评价方式：以实验机构组合合理、契合性、紧密性强为优，比赛中以速度快、行驶距离长者为优。

课题拓展实例3　人与工具

人类的每一次进步都离不开工具的发展，正是不断改进周边的工具，才有今天的繁荣，不断改进和发展也是永不满足的进取精神。

课题目的：用发现的眼睛寻找人与工具在材料、结构、人机、造型等方面的不足，结合前两个课题中材料与机构的知识，运用工业设计的手段解决问题。提高发现与解决问题的能力，并使学生更好地掌握材料、工艺、人机、造型等方面的知识。

产品设计工程基础

课题要求：以现实产品为基础，通过观察使用方式，研究工作原理等在使用中带给人的不适应，切实以人的使用感受为出发点，思考产品在设计之初的不足，并加以改进或改变，从而达到更加和谐的人机关系。

提交内容：以媒体方式展示设计中的不足，着重阐述原因；通过先前的积累对设计进行改良或重新设计，设计感言。

评价方式：分析角度是否正确，人机关系是否明确，设计思维的可实现程度，以及思维的敏捷度。

课题拓展实例4 以"靠近"为主题的专题设计

充分研究人与人、人与物、人与自然的关系，选取一个点作为突破口，展开以"靠近"为主题的设计。要以关注人的生活方式、心理方式、行为方式等为重心，使人可以更好地与外界沟通，达到心理和物理的双重"靠近"。

课题目的：通过以"靠近"为题的设计练习，考察设计师对外界物理以及人们内在心理的关注程度，也使得产品具有更明显的设计意义。让学生从社会学、心理学、产品设计等多个角度介入，形成比较完整的对问题的认识，最终将较为宽泛的问题转化成具体的设计问题，才能从设计师的角度提出解决方案。培养学生将普遍问题转化成设计问题的能力。

课题要求：

（1）课题分析：深入理解本次课题，寻找普遍问题，并将其转化成设计问题。

（2）产品的市场调研：了解同类产品的情况，找到所需解决的问题，然后进行前期调查、资料收集和研究工作。

（3）产品分析研究，提出创意：对前一段调查所得的信息资料进行分析总结，提出具有创新性的解决方案。

（4）新产品的概念确定：对提出创意的可行性加以论证，并通过优化，协调该产品在外观、颜色、细节特性以及功能方面的关系，从而使创意更具可操作性。

（5）创意效果图设计：采用表现技法或者是计算机辅助设计软件绘制出效果图。

（6）分析研究：进一步对新创意进行深入分析研究，确定其可行性。

（7）方案后期完善：对确定的产品进行后期包装与完善。

提交内容：调研报告，创想阶段设计速写，方案确定后的效果图。

评价方式：设计可实现性强，主观审美与设计表达程度高，设计思想与设计概念新颖。

参 考 文 献

［1］［日］高梨隆雄.美的设计方法论［M］.东京:大卫出版株式会社,2002.

［2］桂元龙,徐向荣.工业设计材料与加工工艺［M］.北京:北京理工大学出版社,2007.

［3］肖世华.工业设计教程［M］.北京:中国建筑工业出版社,2007.

［4］程能林.工业设计手册［M］.北京:化学工业出版社,2008.

［5］［英］克里斯.莱夫特瑞.欧美工业设计5大材料顶尖创意:金属［M］.杨继栋,等,译.上海:上海人民美术出版社,2004.

［6］［英］克里斯·莱夫特瑞.欧美工业设计5大材料顶尖创意:木材［M］.杨继栋,等,译.上海:上海人民美术出版社,2004.

［7］［英］克里斯·莱夫特瑞.欧美工业设计5大材料顶尖创意:陶瓷［M］.杨继栋,等,译.上海:上海人民美术出版社,2004.

［8］［英］克里斯·莱夫特瑞.欧美工业设计5大材料顶尖创意:玻璃［M］.杨继栋,等,译.上海:上海人民美术出版社,2004.

［9］［英］克里斯·莱夫特瑞.欧美工业设计5大材料顶尖创意:塑料［M］.杨继栋,等,译.上海:上海人民美术出版社,2004.

［10］谭守侠,周定国.木材工业手册［M］.北京:中国林业出版社,2006.

［11］黄天佑.材料加工工艺［M］.北京:清华大学出版社,2010.

［12］范浩军,袁继新,等.人造革／合成革材料及工艺学［M］.北京:中国轻工业出版社,2010.

［13］周红生.工业设计材料与加工工艺［M］.合肥:安徽美术出版社,2011.

［14］张宇红.工业设计——材料与加工工艺［M］.北京:中国电力出版社,2012.

［15］冯小明,张崇才.复合材料［M］.重庆:重庆大学出版社,2007.

［16］常永坤,张胜来.金属材料与热处理［M］.济南:山东科学技术出版社,2006.

［17］程能林.工业设计概论［M］.北京:机械工业出版社,2011.

［18］殷晓晨,等.产品设计材料与工艺［M］.合肥:合肥工业大学出版社,2009.

［19］韩霞,杨恩源.快速成型技术与应用［M］.北京:机械工业出版社,2012.

［20］常庆明,陈长军.材料加工工程［M］.北京:化学工业出版社,2010.

［21］黄锐.塑料成型工艺学［M］.北京:中国轻工业出版社,2007.

［22］梁庆华,邹慧君,莫锦秋.趣味机构学［M］.北京:机械工业出版社,2013.

［23］朱金生，凌云．机械设计实用机构运动仿真图解［M］．北京：电子工业出版社，2012.

［24］马履中．机械原理与设计（下册）［M］．北京：机械工业出版社，2009.

［25］安子军．机械原理［M］．北京：国防工业出版社，2009.

［26］黎安松．实用钣金学［M］．北京：中国劳动社会保障出版社，2009.

［27］郭连忠，肖晓兰，邓嫄媛．机械工程基础［M］．北京：电子科技大学出版社，2012.

［28］朱金生，凌云．机械设计实用机构运动仿真图解［M］．2版．北京：电子工业出版社，2014.

［29］张成忠．工业设计工程基础Ⅱ——机械传动及创意基础［M］．2版．北京：高等教育出版社，2010.

［30］成大先．机械设计手册：机械传动［M］．5版．北京：化学工业出版社，2010.

［31］朱孝录．齿轮传动设计手册［M］．2版．北京：化学工业出版社，2010.

［32］戴葆青，张东焕．工程力学（上册）［M］．北京：北京航空航天大学出版社，2011.

［33］孙开元，张丽杰．常见机构设计及应用图例［M］．2版．北京：化学工业出版社，2013.

［34］［日］技能师之友编辑部．齿轮的功用及加工［M］．陈爱平，张韵风，侯欣芸，译．北京：机械工业出版社，2010.

［35］［日］技能师之友编辑部．螺纹加工［M］．陈爱平，马亚琴，李棠，译．北京：机械工业出版社，2010.

［36］陈宏钧，方向明．典型零件机械加工生产实例［M］．2版．北京：机械工业出版社，2010.

［37］［日］技能师之友编辑部．机械零件常识［M］．黄文，陆宏，译．北京：机械工业出版社，2014.

［38］陈新亚．汽车构造透视图典：车身与底盘［M］．北京：机械工业出版社，2012.

［39］大卫G.乌尔曼．机械设计过程［M］．英文版·原书第4版．北京：机械工业出版社，2010.

［40］机械工业部．机械传动［M］．北京：机械工业出版社，2006.

［41］张晓玲，沈韵华．实用机构设计与分析［M］．北京：北京航空航天大学出版社，2010.

［42］武友德．模具设计与制造［M］．北京：机械工业出版社，2009.

［43］［美］胡迪·利普森，梅尔芭·库曼．3D打印：从想象到现实［M］．赛迪研究院专家组，译．北京：中信出版社，2013.

［44］张维合．注塑模具设计实用教程［M］．北京：化学工业出版社，2007.

［45］高锦张．塑性成型工艺与模具设计［M］．北京：机械工业出版社，2008.

［46］翟震，毋彩虹．塑料成型工艺与模具设计［M］．北京：机械工业出版社，2011.

［47］张秀英．橡胶模具设计方法与实例［M］．北京：化学工业出版社，2004.

［48］王静，曹伟峰，王鑫副．注塑模具设计基础［M］．北京：电子工业出版社，2013.

［49］二代龙震工作室．冲压模具基础教程［M］．北京：清华大学出版社，2010.

［50］李建军，李德群．模具设计基础及模具CAD［M］．北京：机械工业出版社，2005.

［51］李凯岭．现代注塑模具设计制造技术［M］．北京：清华大学出版社，2011.

［52］张维合．注塑模具设计实用手册［M］．北京：化学工业出版社，2011.

［53］伍先明．冲压模具设计指导［M］．北京：国防工业出版社，2011.

［54］张霞．模具制造工艺学［M］．北京：电子工业出版社，2011.

［55］刘朝福．冲压模具设计师速查手册［M］．北京：化学工业出版社，2011.

［56］叶修梓．SolidWorks模具设计教程［M］．北京：机械工业出版社，2009.

［57］姜银方．压铸成型工艺与模具设计［M］．北京：高等教育出版社，2008.

［58］冯爱新．塑料模具工程师手册［M］．北京：机械工业出版社，2009.

［59］祁红志．模具制造工艺［M］．北京：化学工业出社，2009.

［60］林承全．模具制造技术［M］．北京：清华大学出版社，2010.

［61］现代模具设计编委会．汽车覆盖件模具设计与制造［M］．北京：国防工业出版社，1998.

［62］张志．汽车零件的模具设计［D］．大连：大连理工大学，2004.

［63］臧昆岩．手机壳注塑模具设计及仿真［D］．天津：天津大学，2009.

［64］万传伟．ABS 材料零件的注塑工艺和模具设计［D］．上海：上海交通大学，2008.

［65］王兆华，等．材料表面工程［M］．北京：化学工业出版社，2011.

［66］曾晓雁，吴懿平．表面工程学［M］．北京：机械工业出版社，2003.

［67］王先逵．表面工程技术［M］．北京：机械工业出版社，2008.

［68］徐滨士，等．表面工程的理论与技术［M］．2 版．北京：国防工业出版社，2010.

［69］钱苗根．现代表面工程［M］．上海：上海交通大学出版社，2012.

［70］李慕勤，等．材料表面工程技术［M］．北京：化学工业出版社，2010.

［71］姜银方．现代表面工程技术［M］．北京：化学工业出版社，2011.

［72］张蓉，钱书琨．模具材料及表面工程技术［M］．北京：化学工业出版社，2008.

［73］宣天鹏．表面工程技术的设计与选择［M］．北京：机械工业出版社，2011.

［74］徐滨士，刘世参．表面工程技术手册［M］．北京：化学工业出版社，2009.

［75］［美］唐纳德•A．诺曼．设计心理学［M］．梅琼，译．北京：中信出版社，2011.

［76］王受之．世界现代设计史［M］．北京：中国青年出版社，2002.

［77］戚赟徽．面向能源节约的产品绿色设计理论与方法研究［D］．合肥：合肥工业大学，2006.

［78］刘智恩．材料科学基础［M］．西安：西北工业大学出版社，2003.

［79］严群．材料科学基础［M］．北京：国防工业出版社，2009.

［80］杜功焕，朱哲民，龚秀芬．声学基础［M］．南京：南京大学出版社，2012.

［81］王泓．电学基础［M］．北京：机械工业出版社，2004.

［82］王中铮．热能与动力机械基础［M］．北京：机械工业出版社，2008.

［83］李文斌，李长河，孙未．先进制造技术［M］．武汉：华中科技大学出版社，2014.

［84］张记龙．光电信息技术与应用［M］．北京：国防工业出版社，2008.

［85］盛美萍，王敏庆，孙进才．噪声与振动控制技术基础［M］．北京：科学出版社，2005.

［86］贾宝山，俞冀阳，彭敏俊．核能动力装置设计与优化原理［M］．哈尔滨：哈尔滨工程大学出版社，2010.

［87］设计之家：http：//www.sj33.cn.

［88］设计在线：http：//www.dolcn.com.

［89］中国表面处理网：http：//www.h888.com.

［90］中国表面处理网分类：http：//biaomianchuli.huangye88.com.

［91］表面工程学基础理论：http：//www.docin.com/p-319703145.html.

［92］中国材料网：http：//www.cailiao.biz.

［93］材料人：http：//www.cailiaoren.com.

［94］中国聚合物网：http：//www.polymer.cn.

〔95〕中国新材料网：http：//www.xcl.net.cn.

〔96〕懒人床头柜：http：//www.petercarlson.co.uk/La-Vela/p-653.

〔97〕订书机中的力学原理：http：//www.docin.com/p-321354082.html.

〔98〕长椅折叠桌：http：//www.patent-cn.com/2013/03/24/82601.shtml.

〔99〕皮带式自行车传动装置：http：//www.biketo.com/industry/business/13194228466929.html.

〔100〕桁架形式：http：//developer.hanluninfo.com：8088/2005/steel/Chapter07/inside_07_02_03_m.htm.

〔101〕各种气弹簧：http：//www.jswanda.com/p2.htm.

〔102〕中国设计之窗——连接结构在产品设计中的应用（二）：http：//www.333cn.com/industrial/zyjc/84268.html.

〔103〕汽车行驶系统——车桥和车架结构图解（一）：http：//www.pcauto.com.cn/teach/qczs/0409/133386.html.

〔104〕离合器工作原理：http：//lifestyle.bowenwang.com.cn/clutch.htm.

〔105〕滑键：http：//jxsj.ycit.cn/4/18/kcnr/12/1/c.htm.

〔106〕焊接：http：//www.tjut.edu.cn：8080/jxgc/huafajihe/contents/jc/11/11-1.htm.

〔107〕焊接：http：//jxzy.lzptc.edu.cn/ziyuan/44/4003/course/chapter13/chapter13.1.asp.

〔108〕凸轮机构钥匙锁：http：//wenku.baidu.com/linkurl=gSYgbOxFIZZ3Ts2CBVFfXqLGHpuHHULqUQFI5oaRgqGYaPtrKcA9EzR0TkzV73MEsB_63BKkVR6a8ck1GVyEFNWEJtXJn1HW8KanD0HYD7.

〔109〕棘轮机构：http：//www.baike.com/wiki/%E6%A3%98%E8%BD%AE%E6%9C%BA%E6%9E%84.

〔110〕间歇运动机构：http：//www.docin.com/p-723888702.html.

〔111〕槽轮机构：http：//jpkc.ycit.cn/jxyljpkc1/chap06/chap0603/chap06032.htm.